你不是不努力，而是不会努力

迎刃 / 著

化学工业出版社
·北 京·

图书在版编目（CIP）数据

你不是不努力，而是不会努力 / 迎刃著．—北京：化学工业出版社，2018.5（2019.6 重印）
ISBN 978-7-122-31805-3

Ⅰ．①你…　Ⅱ．①迎…　Ⅲ．①成功心理－通俗读物
Ⅳ．① B848.4-49

中国版本图书馆 CIP 数据核字（2018）第 054564 号

责任编辑：郑叶琳　张焕强　　　装帧设计：王　婧
责任校对：边　涛

出版发行：化学工业出版社
（北京市东城区青年湖南街13号　邮政编码100011）
印　　装：三河市双峰印刷装订有限公司
880mm×1230mm　1/32　印张 8¾　字数 139 千字
2019 年 6 月北京第 1 版 第 2 次印刷

购书咨询：010-64518888
售后服务：010-64518899
网　　址：http://www.cip.com.cn
凡购买本书，如有缺损质量问题，本社销售中心负责调换。

定　价：39.80 元

自 序 /

2010 年，我满 30 岁。一个应该而立的年纪，而我还只是一个普通的上班族，是 28 岁才到上海的“上漂”。此前毕业就创业，但因缺乏经验和能力，公司也没做起来。

大学毕业后的 4 年，是大部分人快速成长的 4 年，而我却没有获得太多的职场成长经验以及能力的提升，都是满满的创业失败经历。

偶然的机会，经朋友鼓动，我告别三线城市的家乡，来到上海重新开始。

记得当时只带了 2000 块钱过去。在上海只有两个朋友。

新工作，新的朋友圈，都要重新开始。

有次面试，老板问我为什么 28 岁才来上海，我说我想改变自己的生活，多少岁应该都不晚。虽然最后没去成这家公司，但对方给我肯定的眼神，也更加坚定了我要在上海好好工作，改变自己命运的想法。

差不多到了上海4个月后，才找到工作，是家台资企业，做网页制作与搜索引擎优化的相关工作。后来，辗转去了一家新加坡背景的公司，做市场推广相关工作。

跳槽后虽然薪资涨了，但基本还是月光，很难有积蓄。我开始意识到，这样下去永远没法在上海稳定立足，买房就更加不用说了，虽然当时还没限购。

于是我又开始琢磨，如何兼职创业以便能有额外的收入。一个偶然机会，跟一位培训师进行了合作。我帮他推销课程，利润对半分。除了讲课由他进行，文案、广告设计，广告投放、场地合作，销售、客服与助教联系，甚至是订外卖，统统由我一个人搞定。这次短期的合作，我得到了差不多15000元，比上班要爽多了（放到今天就是妥妥的斜杠青年呀）。后来断断续续又做了好几次这样的合作，算是把我之前所有的工作经验与技能进行了有机整合。这也为我后来做自己的个人IP（Intellectual Property，知识财产）积累了经验并奠定了基础。

2013年，经过权衡利弊，我选择了“逃离北上广”，回到三线城市的家乡。在家乡，我干起了现在流行的网络培训，短短一年时间里就做到了50多万元的营收。

我的工作内容，依然是除了讲课之外的所有事情。即便不在北上广，只要你有能力，再结合互联网的优势，也可以有很多机会。虽然离开了大城市，没能在大城市定居下来，但在上海这几年，还是给我带来了很多认知上的改变与社会阅历。如果你总是在一个小地方生活工作，你接触到的人，事业都是和你差不多的，你就不会成长。

2014 年，春节期间，我做出了一个小小的大逆不道的决定，不和家人一起过春节，选择一个人背包去了一直魂牵梦绕要去体验的旅游胜地——丽江与大理。

除了欣赏极具特色的风景，我同时也是在做总结思考：我现在这样就足够了吗？

我深感在创业的过程中，如果我一直都处于幕后角色，就没法充分发挥我的个人价值，而且我也希望不断挑战与提升自己。于是，就在旅行结束要从昆明坐飞机回家前，我在星巴克里，写下了我的第一篇公众号文章（大致内容就是此次旅行的游记），同时也暗暗立志，设定了我新的人生目标：为了让自己能更好地做好培训项目，我也要开始写文章和做演讲。因为我知道，这样可以更高效率地影响更多人。

现在回头看那篇文章，虽然行文、逻辑结构、排版都很一般，但却是我的一个新的开始。

我相信每个想要努力改变自己、想要个人崛起的朋友，都明白知易行难的道理。在学习写作和演讲的过程中，我也遇到了很多困难。比如，刚开始写的文章，没人看，没人点赞，没人评论，更别说涨粉了。但我依然坚持写，因为我相信，写作这个事情就和练肌肉一样，需要积累。直到某一天，我去了简书发文，情况发生了一些微妙的变化。

在去海南旅游期间，我发了两篇刚写的文章，没有想到得到大量的点赞和留言。从此一发不可收拾，开始了我的定位于自信沟通的自媒体 + 个人品牌生涯。我能出版这本书，也多亏了慧眼识珠的伯乐——图书经纪人黄小黄。

现在，经过三四年的沉淀，我把自己的定位，牢牢地绑定在了“自信沟通”这个领域，成为网络认可的品牌。我的原创文章常被人民日报、十点读书、京东、领英等多个大号转载，文章累积阅读量估计接近千万次。

我同时还是简书、豆瓣、百家号签约作者，知乎、领英的专栏作者。在喜马拉雅也开设了我的付费音频课。在千聊、荔枝等这样的微课平台，开设了多期分享课，每次报名人数几千到两万多不等，累积分享人数应该也过万了。写过的两本电子书，估计累积下载阅读也过了十万。希望我的第一本实体书，也能获得大家的认可。

我的这段小小的经历，刚好印证了马云的那句名言："梦想还是要有的，万一实现了呢？"是呀，如果没有当初毅然决然去上海闯荡、增长见识，如果我没有居安思危，想着赚外快，如果我没有想着不断突破我的能力极限，可能现在我还做着一个默默无闻的工作，天天崇拜地看着各种网红、大 V 的作品，而不是像现在一样，也能写文章做分享影响他人。

我们的人生，就像一只在浩瀚大海上航行的小船。如果你没有目标，没有工具，没有手段，你就会慢慢耗死在大海上。为什么我们要随波逐流，却没有思考过？没有思考，没有目标，没有实现目标的手段与坚持，都是危险的，你永远也无法到达你人生理想的彼岸。

回想起自己，28 岁才决定去上海的时刻；

回想起自己，不甘做月光族，努力赚外快的日子；

回想起自己，在 2014 年的春节旅行时，给自己定下的写作演讲目标；

……

现在也算是小有所成吧，我的青春算是没有白费。

2018年，38岁的我，终于出了自己第一本书，从一个网络写手，转变为了青年写作者。

最后，用我自造的一句还没有成为名言的话与君共勉吧：如果你还没有英年早逝，那就选择大器晚成吧。

迎刃

目 录

C O N T E N T S

ONE

你不是不努力，而是不会努力

你内心足够强大，世界都会为你让路

THREE

如何从“矮丑穷”变成一个受欢迎的人？

你想要的爱情，为什么总是得不到？

ONE

你不是不努力，
而是不会努力

你连“高效学习”都不会，如何改变自己？！

一天，有个读者留言问：“为什么看了你很多文章，也学习了其他资料、书籍，花费很多时间，也很努力，结果却没有改变？”

碰到这样的问题，我已见怪不怪，于是熟练地输入一大堆反问：你看完文章、资料、书籍后，会做笔记、总结吗？你花费的时间，具体有多少？你所谓的努力，努力到了什么程度？天天废寝忘食吗？你是否根据文章、资料里提到的方法去实践过？实践的次数有多少？结果如何？是否有总结、反馈、和别人交流？等等。

一会儿，对方回复道：“只是看，没怎么总结和实践，但光看也花了我很多时间。”

又是一个自以为很努力，却是无效努力的少年。

然后我又问对方："你多大？"

读者回答："20 岁，刚大三。我好怕。很多同学朋友都比我厉害，我怕再不努力就来不及了。总是这样努力没有结果，但又不想颓废，于是每次重新努力又坚持不了多久就放弃了。"

作为一个 30 多岁的大叔，我想对你说："你才 20 岁啊，为什么害怕来不及？究竟是哪里来不及？"

接下来，我要给这位小朋友讲个励志故事：

从前……

【画面暂停，磁带倒转声……】

读者："停——等等——我们倡导的是学习成长干货！请不要先讲一个狗血故事，然后紧接一个没有价值的心灵鸡汤道理好吗？"

我们不是不爱喝鸡汤，而是鸡汤喝得太多，已开始反胃。残酷的现实就是只能鸡血一时，却毫无实际指导意义，缺乏实际有效的方法，即使天天喝也不会让你变身超人。

下面我们不如直接切入正题，看看如何通过高效的努力学习，快速获得成长。

以下方法都是我自己的亲身经历，我相信一定能帮助你改变。

1. 学习成长路径原理

很多人误以为，自己只要掌握了理论，就可以直接换来成果。

我有个朋友，是服饰造型搭配的专家兼时尚达人。他帮助在审美方面非常缺乏的朋友提升时尚感，帮助他们提升穿衣品位，让他们的外形更具有吸引力。

刚开始他有一些在线培训课程，教那些宅男们如何穿衣搭配。

但很多人都有一个错误的观念，以为穿衣打扮是件很容易的事情，只要看一遍理论方法，自己就可以搞定了。

实际上是很多人学习后，自己尝试去搭配买衣服，穿出来的效果还是欠佳。

于是就怪罪老师教得不好，没效果。

殊不知，我那位朋友，为了能熟练教授别人，自己首先投资数万元，去学习各种形象造型的高级课程。他买过的各种款式的服装估计也有上千套，平常还关注大量的时尚杂志、节目等。另外，还有多年咨询、培训经验的积累。

他之所以能教别人，是因为他在这方面不光投入时间学习，还有大量实践经验的累积以及不断试错、矫正的过程。

而一般的学员，只看到老师呈现出来的教学内容，却忽略了老师是经过大量的训练才达到现在的专业度。

如果学员在学完理论后没有进行大量实践，效果自然不明显。

请看下图：

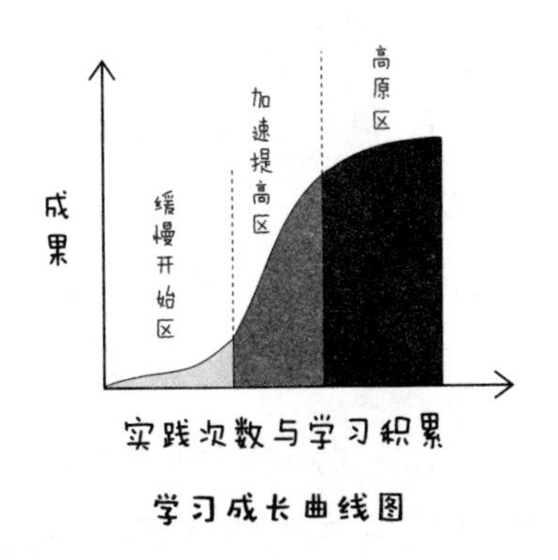

学习成长曲线图

很多人都止步于“缓慢开始区”。先尝试一小段时间，发现没什么变化就放弃，然后又换其他方法，结果依然一样。

其实，无论他换哪种方法技巧，即便是所谓的速成方法，都要经历这样一个“缓慢的开始区”的学习过程，才能发生改变。

他们不能马上看到努力后的效果，担心目标无法实现，白费精力，索性选择放弃。

心智不够成熟者，不懂得“推迟满足感”，他们想要的是“即时满足感”，也就是急功近利的心态。

然后，有小部分人进入“加速提高区”，他们获得了一定的成果，但离非常“牛”的状态还有一段距离。

只有极少数人，经历非同寻常的磨炼，或是更长时间的积累，才突破进入“高原区”。

大家应该都听过，科比有个段子式的语录——我知道洛杉矶凌晨 4 点钟的样子。

这也是为什么他是目前为止唯一能和乔丹相提并论的 NBA 球星。

我在这里申明一下，此原理也是我通过大量学习别人的研究成果以及结合自己的学习经历，得出的经验总结。

2. 学习金字塔

学习金字塔是美国缅因州国家训练实验室的研究成果，

它形象地显示出：运用不同的学习方式，学习者在两周以后还能记住内容（平均学习保持率）的多少。

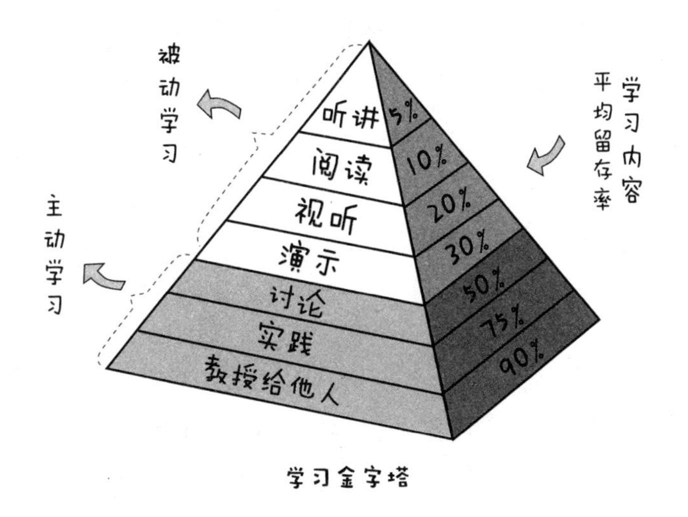

学习金字塔

这个实验的结果，也符合明朝思想家王守仁提出的“知行合一”思想。简单来说，就是理论与实践相结合，才能真正掌握一门知识，并转化为技能。

根据金字塔理论，听讲、阅读是绝大部分不会学习的人的学习方式。在他们的经验里，学习就是听老师讲自己再看看书然后自己就学会了。

事实上，他们这样学过之后，大部分有用信息并没有“印在”大脑里。

但也有人说，这个实验并没有确凿的科学论文发布，可能是误传。

即使如此，从我所了解到的很多“大神”的学习习惯来看，只凭听和阅读肯定是不够的，更重要的是做笔记、复习及和他人交流，然后自己再进行实践——也就是后面将要说到的“刻意练习”。

最后是“教授给他人”，关于这个内容，我深有体会。

在我还没有任何教学经验的时候，我自己的自信提升理念和方法，都只是我通过学习、训练后的本能反应。我没有做过任何总结，就是自己懂得做，却不能简单、直接地教会别人。

直至3年前，我开始写作电子书《天生好手》，后面又陆续写过上百篇文章、做过上百次的分享、录制过几十个教学视频，并做了超过5000人次的咨询和经验交流，我的教学内容与课程体系才逐步完善。我的迎刃自信理论的视觉化图形，也是近期才发布的。

同时我发现，一个有效保障大家在线学习的课程，需要满足以下7个环节：

序号	教学环节	教学中的作用
1	学习教材	系统复习的参考
2	同伴环境	互相鼓励坚持学下去，交换成功经验
3	老师讲解	引导学员入门关键
4	答疑解惑	帮助不理解的学员的手段
5	课件作业	单点学习效果的反馈
6	实践训练	系统综合运用知识训练
7	阶段总结	1个月，3个月，6个月，9个月，12个月，每个阶段，以写文形式，进行个人总结反馈

3. 刻意练习

刻意练习，就是要稍微远离舒适区一些进行学习，这样才能扩大你的能力边界。

认知世界的三个区域

刻意练习的目的，就是帮助大家突破“缓慢开始区”和“加速提高区”的临界点。

“学习成长曲线图”上的虚线与实线的连接点就是临界点。

如果在临界点之下，说明你不是不努力，你是不会努力，是无效努力。

比如，很多人的学习方式，就是把书、资料、课程过一遍，然后就再也没有打开过，没有做笔记、总结的习惯，囫囵吞枣，很多概念或精髓都无法消化和吸收。

再如：

我的自信课程，除了教给大家一套提升自信、社交沟通、恋爱理论方法，特别强调的就是要大家去参加社交训练。

很多人在恋爱、人际交往时缺乏自信、勇气与话题。

原因就在于不擅长这件事。而社交训练，完全可以综合性地解决这个问题。

刻意的社交训练，会帮助你结识朋友、异性资源，提升口才的能力和经验。

我的很多学员都普遍反映，在参加课程前，自己是一个非常宅的人，上班（上课）和住的地方两点一线。参加课程后，每周至少两三次的社交训练，经过 3 个月的学习和实践，整个人明显比之前更充满自信，变得会聊天，可以联系的异性也开始变多。

他们也很享受这样的刻意训练，甚至认为这不是训练，而是在交新朋友、在玩而已。

还有，学霸为什么能成为学霸，某种程度上就是他练的习题比别人多。

各种类型的题目都做过，各种解法都试过，自然熟能生巧。

如果你已经把书读透，做到了深度理解，那运用起来自然得心应手。

4. 理解遗忘曲线

遗忘曲线是由德国心理学家艾宾浩斯（H.Ebbinghaus）研究发现的，它描述了人类大脑对新事物遗忘的规律：遗忘很快，先快后慢、人们可以从遗忘曲线中掌握遗忘规律并加以利用，从而提升自己的记忆力。

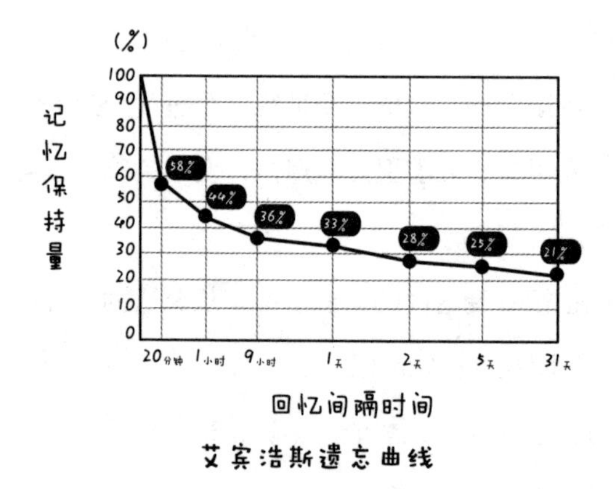

艾宾浩斯遗忘曲线

学完一个内容，需要经常复习和反复使用，你才能记得住，这个理论和前面的金字塔学习理论刚好对应，相辅相成。

5. 为什么你会焦虑和逃避?

很多人不知道前面说的学习成长路径理论，他们想努力，却因为缺乏刻意训练没有产生成果，从而感到失望，进而产生焦虑感。

焦虑正是某种压力的体现。

合理的压力存在一个阈值：未超过一定的临界点，压力会形成动力；超过这个临界点就会让人逃避。

这也就是为什么有些人遇到压力能解决问题，有些人则不行，因为每个人的压力阈值点不一样，抗压力程度不一样。

压力过大有三个原因：

一是能力不匹配；

二是工作量大；

三是拖延习惯。

这三个因素会综合发生作用。

如果一个人一开始就制订一个不切实际、超过了自身能力的目标，结果常常是没有结果。比如，有个粉丝说他想通过天天写原创文章，来练习自己的写作能力。

说实话，天天写原创文章，并且言之有物，还能被别人认可，对一个新手来说是非常难的。而一旦有一天没完成这个目标，就会导致崩溃，会接连几天都提不起笔，最后这个事情也会不了了之。

所以，努力也请量力而行，制订一个能承受一定压力的目标，循序渐进地完成，才能保证你的刻意练习产生效果。

6. 学会消除焦虑与自我激励

这里推荐我亲身实践体验过的方法，就是：有氧运 + 激励歌曲。

建议以慢跑为主，跑步时听歌最方便。

运动大量出汗时，可把肌肉内的压力激素皮质醇排出体外，焦虑感就会降低；同时身体容易产生内啡肽激素，让你产生愉快感。

在这种双重作用下，你会暂时性地远离负面思想。

你可以在运动中听一些比较激励人心的歌曲，例如，我有次无意中听到《火影忍者》的插曲——《My Name》，虽然听不懂歌词，却被音乐的快速节奏、热血情绪所感染。

在这种歌曲的刺激下，你会感到跑步其实没那么累，反而很畅爽。

如果你一直以为自己是个内向的人，你更会体验到从未有过的畅快感。

这种有氧运动加激励歌曲的方法，很容易让你进入一种前所未有的自我价值感爆棚的状态，甚至会让我感觉自己的潜能都被激发出来了。

我的写作灵感或创意，有些就是在跑步时产生的。

这刚好印证了心理学上的“酝酿效应”。

有些心理学家认为，在酝酿过程中存在潜意识层面的推

理，储存在记忆里的相关信息，在潜意识里组合，人们在休息时得到答案，因为个体消除前期的心理紧张，忘记前面不正确导致僵局的思路，进入创造性的发散思维状态。所以，当你遇到难题时，你可以把问题放在一边，先去放松，答案可能会自然浮现出来。

而身体的运动，也会让大脑放松，甚至激发思维快速运转。

如果你从事的是创造性的工作，这个方法既可以帮助你消除焦虑，又能带来灵感，提高工作效率。

附上我在网易云音乐的激励歌曲歌单，已被收听 12 万多次，2000 多人收藏，而且数字还在不断刷新中。

歌单网址：

http://music.163.com/#/m/playlist?id=389260360

也可在网易云音乐搜索框里搜索歌单：每天一首兴奋剂。歌曲会不断更新，大家可以运动时听。

7. 参考游戏模式，建立反馈机制

为什么很多人看一小时课本会感到很难受、精神涣散，而玩一小时游戏却精神抖擞、兴奋异常？

两者最大的区别就在于，看书不是一个可以让你马上产生收获和反馈的行为。

而游戏可以，因为游戏设计者就是通过让游戏更好玩，使你不停地接受信息和处理信息，让你大脑处于兴奋状态。

游戏中酷炫华丽的招式、热血的背景音乐，以及你打怪升级过程中获得的金钱、经验、装备等收获，综合下来，就会让你乐于不停地玩游戏。

我们完全可以借鉴游戏的机制，将其运用到我们的学习中。

每学完一段内容，就给自己一个奖赏激励，并进行信息记录。

奖赏激励可以让你马上产生收获感、愉悦感，甚至多巴胺，以此来“欺骗”大脑，认为学习其实是件很开心的事情，人的本性是唯乐原则，开心就会激励你不断重复这件事。

而信息记录就是将你每次的学习都记录下来，形成一个进度表格，这样每隔一段时间就可以进行一次回顾总结。

例如，以一个月为测量单位，你就会发现，原来自己一个月下来，可以读 10 本书、写 10 篇文章，等等。

这样的记录，类似每次游戏过关后的分数总结，容易让你产生成就感，激励你不断做下去。

8. 提高你的意志力

有些专家认为，虽然人只有一个大脑，却有两个自我。一个自我任意妄为、及时行乐，另一个自我则克服冲动、深谋远虑。

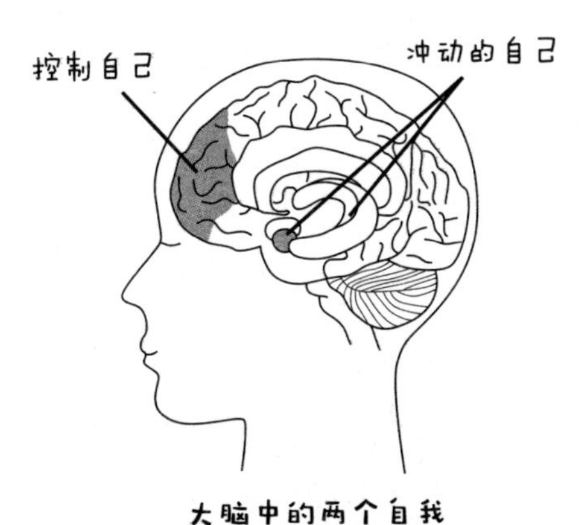

大脑中的两个自我

我们总是在两者之间摇摆不定，有时觉得自己想减肥，但是自己不吃个烧烤消夜，就睡不着。

因此，我们可以这样来定义意志力的挑战——你一方面想要这个，一方面想要那个。

两个自我发生分歧的时候，总会有一方击败另一方。

决定放弃的一方并没有做错，只是双方觉得重要的东西不同而已。

那怎么提高意志力呢？

每当冲动的你要击败自控的你时，就去想想什么事情可以延迟这个冲动。

例如，你正在戒烟，但又有抽烟的冲动，那就让自己找到其他替代品。

例如，如果下班时就换好运动服，你就可以直接去健身房，而不是回家。

例如，你想要减肥，控制饮食，但你没有储备好既好吃饱腹又低热量的食物，你就很容易因为饿而失控多吃食物。

还有一个简单提升意志力的方法：冥想训练。

在冥想训练中，要专注于呼吸。

冥想不是让你什么都不想，而是让你不要太分心，不要忘记最初的目标。如果你在冥想时没法集中注意力，别担心，你只需多做练习，将注意力重新集中到呼吸上。

每当冥想结束，你就会感到精神变好，注意力也更集中，也更有控制力。

9. 学会管理你的时间

一天 24 小时，每个人都一样，但效率却有差别。如何才能做到比别人更高效？

这里推荐初级时间管理中最实用的一种方法：番茄钟工作法。

这是一种能让你在25分钟内高效专注的时间统计方法。

推荐下载番茄钟 APP，时间设定为 25 分钟。然后开始完成第一项任务，直到番茄钟响铃。如果你这时还处于高效专注的状态下，就不用停止工作，继续下一个番茄钟；如果感到疲劳，就休息 3 ～ 5 分钟，然后再继续，直到把工作完成。

我使用的 APP 是“学霸拯救地球”。我一般是在写文章、看书时，就会打开番茄钟。现在我累积的专注时间有 156 个小时，相当于专注 9360 分钟，374 个番茄钟。

在此，需要说明的是，人在精力最充足旺盛的时候，注意力和专注度是最高的，大脑反应速度也是最快的，这时做任何事情效率都很高。

有些人是早晨，有些人是下午，也有很多人是深夜。然而熬夜多，副作用也很明显，白天会萎靡不振，影响白天的工作效率。周而复始，最终工作都放到深夜，直到身体被拖垮。

10. 你的知识也需要管理

简单来说，个人拥有的各种资料、信息通过分类、归纳、总结，转化为更有价值的知识，并通过知识的系统化学习，转化为可用于工作、生活的技能。

例如，你阅读很多关于新媒体写作的文章，每篇文章只讲一个观点和用途，但这并不是写作的全部，而且有些可能并不实用，那你只有通过把这些内容进行整理并消化，同时用于实践训练，才能慢慢转化成属于自己的能力。

以我个人为例，我现在的主业，是帮助自卑的朋友解决自信、沟通、情感这三方面存在的问题。

在这三个方面，我都有丰富的研究、实践、教学经验。

尤其在自信提升方面，自认为在此细分领域里有较为深入的研究，并钻研过和自信相关的心理学书籍与理论。

通过大量的咨询接触，我发现很多自卑的人，大部分都很内向，不善言辞，有很多负面消极思维，如自我否定、患得患失、在意他人看法等等。

这些都需要通过相应的知识学习和实践才能改变，而不是像成功学、鸡汤文那样，鸡血一下就能变得自信起来。

而要不断地完善自信理论内容，就需要知识管理这个工具来帮助我。

现在，阅读、写作、演讲这三个技能，都属于我的辅助技能。

没有高效阅读，就无法获取更多实用知识。

不进行写作和演讲这样的“输出”，就没法把“输入”的知识转化为属于我自己的能力。

我现在能通过写文章、演讲分享来传播我的理念，其实是被自己逼的。因为如果不进行写作、演讲，我的目标受众就无法知道我，而这样的传播手段要比直接打广告经济实惠得多。

11. 摆脱懒惰的状态

有人问：老师，我躺下就不想动，起不来，不想干任何事。这种懒惰怎么改？

人的行为是有惯性的，当懒惰成为习惯，你就会陷入其中无法自拔；而一个勤奋的人，每天会被自己的努力所感动和激励。

所以，你要想调整这种懒惰状态，就需要有“推一把”的力量来改变你的“运动”状态。

想让你起床，最简单直接的方法，就是去吃东西、去玩，这个总会有动力吧？

吃饱喝足后，生理上的能量得到补充，再加点精神力量，看点激励的书籍或视频吧。不是让你看“鸡汤”和成功学，而是一些既有激励效果又有实际作用的内容，例如TED演讲、知乎上的一些实力大V的精华。

接着想想你今年有什么目标需要完成，进行任务分解；如果没有目标，就设定一个，例如，学一门技能、去知乎答题、看N本书并做笔记、通过自身技能去赚钱，等等。

套用一句周星驰的名言：人如果没有梦想，和咸鱼有什么分别？

你就这样一直躺下去，也就是一条活的咸鱼。

最后总结一下：我们如何让自己的努力有价值？

✓ 理解学习成长曲线理论。

✓ 理解学习金字塔理论。

✓ 开始刻意练习。

✓ 理解遗忘曲线。

✓ 理解焦虑的来源。

✓ 解除焦虑和自我激励的方法。

✓ 参考游戏模式，制造反馈机制。

✓ 提高你的意志力。

✓ 学会时间管理。

✓ 学会个人知识管理。

✓ 摆脱懒惰的状态。

经过以上 11 个步骤，你就能运用科学的方法，保障自己高效率地努力学习、工作，时间一长，就会形成习惯。

也许你没有别人聪明，但如果能科学有效地努力，最差的结果也是大器晚成。

最后，献上美国心理学家威廉·詹姆斯的一段话，与君共勉：

“种下一个行动，收获一种行为；种下一种行为，收获一种习惯；种下一种习惯，收获一种性格；种下一种性格，收获一种命运。”

无法改变自己的真相竟然是……

为什么自己每次想改变都失败？其实真相只有一个——你就是懒、懒、懒！

不好意思，有点小激动，有点简单粗暴。“懒”其实是无法改变自己这一结果简化后的符号化表象。在“懒”

的背后，涉及一些心理因素，比如拖延心理、恐惧心理等，也包括缺乏行动来获取成功经验。下面，让我来给大家慢慢分析。

“迎刃哥，道理我都懂，但就是做不到呀！”

其实，只有失败者找借口，而成功者总是在找方法。你可能几年、十几年，甚至几十年累积下来的问题，你就指望像吃一片感冒药然后睡一觉，第二天就可以痊愈吗？不拿出至少 3 个月的时间去调整，怎么可能有根本上的改变？这么浅显易懂的道理都不懂！

在人类社会里，每个领域都存在着二八法则，成功者只是少数，大部分是正在追赶成功者和对现状满意者，也会有想改变却不愿意为此付出代价而平庸度过余生的人，以及最终放弃自己的 loser（失败者），这样的社会结构不会改变。

如果你不想办法、找帮手或借助工具来解决，那你就只能成为失败者。其实，有时候你遇到的最大挑战、困难，也可能是最大的潜在收获。除了有得当的方法、有效的工具外，坚持是最终制胜的关键。这种浅显的大道理，大家都耳熟能详。

所以，我思来想去，最终决定深入浅出地为大家分析，存在这个问题的真正原因是什么，以便大家理解之后，能调整自己的心态，重新踏上改变自己的征程。

这些相对“笨”的人，自以为付出很多努力，但就是没改变，于是他们放弃，继续回到原来艰难的生活轨道上。或是去寻找新的“快速的”，或某种可以不打针、不吃药、不开刀、无痛苦、不需要付出任何努力就能迅速解决问题的方法。

我只能很无奈地告诉你，自我成长这条路没有捷径。每个人都希望有一种灵丹妙药，一吃就能解决自己的问题，从此再无烦恼。

其实你要想在这个世界上走正确的方向，只要你不走错误的方向，就是在走捷径。

这个捷径，需要你不断努力、不断练习，以及长时间的酝酿才能实现。

但大多数人都不想接受的一个现实就是，他们必须要通过努力，才能达到自己的目标。他们都希望有一片药，吃完之后，整个世界就变得美好。

曾经有一个很红的韩国整容节目，选 5 个人讲述自己的痛苦故事，比比谁更惨，最终竞争胜出者就可以获得免费的整容。

整容成功之后，再找到之前给他造成打击的人，安排他们重新会面。

其中有个男生，身高一米八几，但长得不好看，这严重影响了他的自信，以致在追求一个女孩时失败了。整容成功后，再安排他与拒绝他的女孩见面。女孩看到英俊的脸庞便为之心动，对他完全转变了态度。

这是一个特殊的案例，回到现实生活中，首先你不一定有足够的钱去整容；其次，整容也有很大风险，要忍受手术对自己身体造成的痛苦，比如削骨、抽脂，以及可能产生的副作用。

很多整容失败后变得面目全非甚至死亡的事件也时有发生。就算最后整容成功，你获得的也是依赖于外在的条件带来的自信。当你年老色衰后，你是不是又会失去自信？

下面我们来看看行动层面的原因。

其实我也经历过这样一个因为某些原因产生痛苦和困难（遇到爱情、事业等方面的挫折，自信遭到打击）—想改变—找不到方法—找到一些方法尝试后又放弃的过程。

不过不同的是，我依靠信念、毅力以及运气最终找到了解决方法，加上坚持不懈的努力与行动，最终迎来蜕变，得以享受成功的愉悦。

最初我的自信也不像现在这么强，能量气场也很弱，社交能力也很差——害怕去陌生社交场合；异性资源少，面对喜欢的异性时不会聊天，不会增进彼此的关系；也曾经历过在不恰当的时机说错话造成场面尴尬的情况。

后来，我的一位朋友不停地提醒我：“要想获得真正意义上的蜕变，知道方法只是第一步，这个过程就像唐僧西行取经之路，会经历各种艰难险阻，信念也会经受各种诱惑而发生动摇，或是不断质疑自己到底行不行，只要你的意志稍微不那么坚定，就会放弃，被打回原形，继续过着行尸走肉般的生活。”他当年的这一席话，直到今天都在警醒着我。

他说他之前在洛杉矶和一帮朋友，为加快提升社交能力，365 天里至少有 300 天会去酒吧，在这种特殊的社交环境里，进行陌生人社交训练。只有持续地刻意练习，才能产生肌肉记忆，发生状态的改变。

受到他的鼓励后，在之后一年多的时间里，我们几乎每周都要出去两三次，参加各种社交活动，平均每次都会认识 5 个以上的陌生人，保守估计一年来接触了超过 600 人。

后来我们还组织了上海海归群体的定期聚会。每月至少两次，每次平均来 100 人左右，多的时候有两三百人，一年下来累计有 2400 人以上。我这个活动中接触的陌生人超过 1000 人。

我就是通过这两年不间断的社交训练，最终突破陌生人社交障碍，培养与积累了大量的社交经验与人脉资源。中间自然经历过很多挫折与失败，也怀疑过自己到底行不行，就在这样大量的失败与一些小成功的交织下，跌跌撞撞地走到今天。

在此过程中，我也慢慢培养出社交直觉，这种直觉就是：与不同的人打交道，当你积累到一定基数，比如 500 个陌生人，你的大脑会积累大量数据，也就是现在流行的“大数据分析”。

某一类人大致的特点、共性是什么，你都会有个印象，都会自动地进行一些归类和做标签。当下次你再遇到类似的人时，你的大脑会在获取信息之后，自动进行数据匹配，并得出一个大致结果：这个人大致是什么性格，靠谱不靠谱，真诚不真诚，是不是徒有其表，是不是低调的富二代，等等。

当你具备足够多的社交能力与经验后，面对各种类型的人，你都能做到不卑不亢、游刃有余。如果你知识话题储备丰富的话，那基本上只用十多分钟，你就可以与对方建立起一个比较有效的交流，并且给对方留下比较深刻的印象，为你积累高价值人脉奠定基础。

其实，我们都知道，要想获得一些东西，应该要付出相应的代价，但为什么还是做不到？这是因为人在做事时在心理层面上容易产生拖延。

在你决定是否做一件事时，有两个重要因素会影响你，那就是快乐与痛苦。

我前面说到的社交数据，对正面思维的人来说，第一时间可能会觉得受到鼓励，觉得既然已有量化标准，我照着做就行，别人能行，为什么我不能。

而弱者心态、负面思维的人，第一时间想到的却是：我工作这么忙、我天天加班、我上班的地方比较偏远等各种各样的理由。

虽然客观上他们可能被这些因素困扰，但谁都不会一点困难都没有。别人能克服，你为什么不能？

因为你的内心会自动产生痛苦的联想，认为要进行大量训练会带来痛苦，于是你就停止行动。比如，加班已经够累了，还要出去和陌生人说话，好害怕；上班比较偏远，每次去人多的地方就要坐很久的车，费力费时。

我每次听到这样的说辞，都感到很悲哀。如果这点困难就难倒了你，那你这辈子也就只有在偏远地方上班的命和加班的份儿了。

你如果愿意让这种训练产生快乐的联想。那么当你的社交能力提升后，就会带来某种具体的好处与好的结果，比如，你认识的朋友多到你不知道周末到底该与谁先约会，这样你的动力就会大很多。

这里再介绍两个与拖延相关的心理。

第一种是恐惧失败心理。

很多拖延者担心被他人评判，害怕自己的不足被发现，害怕付出最大的努力还是做得不够好，害怕达不到要求。他们的担忧反映出一种恐惧失败的心理，拖延便是他们应付这种恐惧的一个心理策略。

第二种是恐惧成功心理。

有些人担心成功需要付出太多，远远超出他们所能承受的程度。因为致力于成功需要付出很多时间、努力和专注，有些人认为他们达不到那样的要求，还是站在原地会比较安全。

这两个心理的背后，是这些人非常在意别人的评论，自我认同很容易受到外界的影响，缺乏自己的主见，所以就有各种担忧，以至于通过拖延这种方式，来让自己待在安全的舒适区，不敢突破自己的能力界限。

而人要想真正改变自己，过上你期望的精彩生活，或是过上你羡慕的别人的生活，就需要不停地突破舒适区与挑战自己的极限。

自我提升成长过程就是要不断地拓展舒适区的边界，将挑战区转化为舒适区，缩小冒险区，这样才能无限地接近我们想要过上的理想的精彩生活。

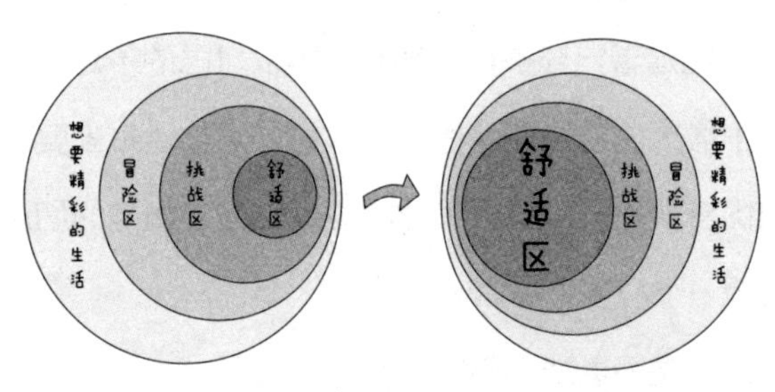

怎么突破舒适区？

先鼓起勇气，用积极的心态勇于挑战自己不敢做的事、暂时还没做过的事情。一旦你每次做成功你之前从未做过的事情，你的大脑会向负责决策的区域发送“奖赏”信号，这会促进人的认知能力进一步提升，形成良性循环，这被称作“奖赏效应”。

每次收到奖赏，你的大脑就会产生多巴胺，多巴胺是产生快乐的源泉，一旦充满快乐，就有助于你坚持做一件事情。大家完全可以利用这个大脑的奖赏效应，让自己不用再“痛苦”地应付，而是“快乐”地坚持。

另外，我再从其他层面来告诉大家突破舒适区的方法，这个方法同时也是进行更有效学习的方法。具体提高一项能力或一门知识，光看光听是不够的，需要理论与实践相结合。

为方便记忆，我总结出了几个关键点：

了解阻碍你改变自己的原因，与懒惰、拖延的自己说再见！

当你开始突破舒适区，不断游离在其边缘，才是精彩的新生活的真正开始。

改变自己的过程中必然会遇到失败挫折，它们不是绊脚石，而是你成功的基石。

为什么我们越努力越焦虑？

年少不知愁滋味的时光，已经随着年纪的增长而离我们远去。

有时候，我很怀念童年时无忧无虑的日子，除了要努力学习和听话做个好孩子外，就再没其他压力。

不像现在，大家都要拼命学习，毕业后好找工作。拼命工作，是为升职加薪，是为买车买房。日常的人际关系，也要想办法处理妥当。同时还伴随着要找对象谈恋爱、结婚、生子，等等。

需要解决的问题难题一个个地接踵而来，让人喘息不止。一旦发现别人比自己优秀时，要么是激发你的斗志，要么就是想努力，也很努力，却越来越焦虑。出现焦虑后，很多人在无法解决问题时，都不自觉地选择了暂时性逃避。

我相信很多人心里是想发奋的，却坚持不下来。他们是思想的巨人、行动的矮子，一旦陷入负面情绪，就容易陷入昏昏沉沉的状态，没有激情。

明明知道“想要”改变，却无能为力，为什么？

我自身有个感受，人很难不产生焦虑感。焦虑是人在适应环境的过程中自然产生的一种应激情绪，只要适度，能激发人体的潜能：当你遇到的挑战是在你的能力范围内，同时精神状态良好，斗志昂扬，就能充分调动自己的主观积极性去完成任务。

以下方法大家可以试试。

1. 寻找焦虑的源头

我发现，人一旦去挑战与自身能力相差太远的任务时，虽然一开始会有一些盲目的自信和挑战欲，能起到让你马上投入这件事的积极作用，可一旦碰壁，遇到一时无法解决的问题，就有种车到山前没有路之感。

还有一种源头就是，当我们看到别人比自己优秀时，产生负面情绪并无法正视，此时，我们一般采取的措施是使用“刻意的努力”来对抗，借此摆脱困扰感受。而你事事都要与他人比较，却不以自我成长为主导，就会陷入不断寻求他人认同的循环中，容易受外界影响。如果你不是基于让自己变得更好这个出发点，你所做努力的专注度、投入程度就都会打折扣。

做人，最重要的是开心。如果你每天努力的事情让你不开心，又如何让你能坚持下去？

人性追求快乐，逃避痛苦。人所喜欢做的任何事情，无论是吃美食、穿新衣、住大房子、开好车，都是通过奖赏效应的机制，产生的多巴胺来让人感到愉悦。

所以，要想让自己的努力有回报，不产生反效果，不焦虑、不逃避，你需要降低焦虑感，并认清自己到底为什么而努力。只有这样，你才能过好每一天。

2. 享受当下，只做今天必须做的事

我们有时要完成的任务，不是几天就能搞定的，例如减肥、考试、考证、创业，等等。

将一个长期目标进行分解，做完分配到每天的任务量，每日都有积累，可有效降低焦虑感。

当然，享受当下的快乐感，也绝不是一步就能到位的，需要一些辅助手段。

比如，每当焦虑感产生时，你要想着采取不逃避的方式降低焦虑，依然能自己去突破舒适区，可使用运动与冥想的配合。

3. 运动健身可有效调动身体机能

人焦虑时伴随产生的压力激素，会积蓄在人体肌肉里。这些激素积累得越多，人就会越感觉到疲惫，只有通过运动才能释放这些激素。

在有条件的情况下，多去健身房，有一大群的小伙伴和你一起会让你更容易坚持。如果条件有限，也可以每天下班后慢走 30 分钟，或至少走 3 公里，在运动的过程中，达到一定心率和临界点，身体还会产生“愉悦激素”内啡肽，会让你慢慢对运动“上瘾”，形成运动的惯性。还有什么比上瘾更容易让人坚持的呢？

4. 借助冥想可有效清除杂念，降低焦虑

焦虑只是人的多种情绪中的一种，最普遍的就是喜怒哀乐。迪士尼有一部动画电影《头脑特工队》，讲的就是

大脑里的5种情绪——乐乐、忧忧、怕怕、怒怒和厌厌是如何影响主角成长的。最终属于负面情绪的忧忧，却起到了积极作用，让主角冷静下来，回忆起由父母陪伴而产生的快乐感。

万事过犹不及，适当的焦虑会激发人的斗志，过度焦虑则导致无法承受压力而选择退缩。所以静坐冥想可在日常生活中起到一个调节器的作用，帮助我们把突如其来的、不受控制的负面情绪给挤到一边，让积极快乐占主导，就像《头脑特工队》里的乐乐一样。

静坐冥想是通过调节呼吸，消除一切定见与判断，以便忘记过去与未来，真正地做到活在当下。帮助你清除各种“杂念”“噪音”的干扰，比如，离考试还有段时间，由于刚开始没努力，已落下很多功课，你就开始忧虑无法过关。这也同样发生在职场的工作、晋升中，或是恋爱过程中的男女互动上，大家都在忧虑还未发生的事情。

很多焦虑都源自我们的欲求不满，同时不具备相应的能力、强大的自信、自我调解的能力，以及不清楚自己到底想要什么。

不要过多奢望去做自己能力暂时达不到的事情。设置一个相对更容易的短期目标，完成后再升级，在不焦虑的状态下，做你能力范围内的事情才能游刃有余。循序渐进地积累，才能让自己更持久地成长。

为什么你知道要解决问题，却又选择逃避？

你有多少次下面的这些情景：

遇到问题、困难时，无法解决，就选择逃避。

不论工作，还是生活，还有情感，都很拖拉。做之前会想很多方案，但是一需要行动就觉得不舒服。

多年来，你一直尝试从书上学到各种方法，来改变自己，制订了很多计划，也坚持过一段时间，但总是不了了之。

每次想到要面临的问题和产生不确定的后果之后，就会一直拖着。不想问人怕被认为自己蠢，又不想因为这件事情发酵，就一直拖着看能不能自动解决，如果不能，就等下次到来的时候再说。直到问题再次来临，或者困境折磨自己到不行时，才又去想如何解决，周而复始，问题就会持续很久。

我相信大家也想过一些办法自己去解决，询问身边的朋友或长辈，找书、找资料来看，虽然没花费太多，却消耗很多时间精力，问题也没解决，积累的失败挫折感也会进一步打击自信心。因为人的心理问题的出现，有诸多的复杂性，其表现形式也具有多样性，不像你学习某些技术技能那样简单，光努力勤奋就可以解决。

为什么我们会有逃避心理？

这还不能完全怪你，而在于人的潜意识异常强大。你的逃避心理和行为主要也是潜意识在影响，你的主观意识无法左右。

1. 心理防御机制的作用

逃避心理的产生，是心理防御机制在发生作用的结果，属于消极式的防卫。使用逃避和消极的方法去降低受到挫折时的痛苦感。

这也就是为什么我们每次不想干活、不想读书时，你都要找一些娱乐活动来放松的原因，因为看看电影、玩玩游戏，可以让你暂时逃离压力的紧迫感。

况且游戏实在是太好玩了，游戏设置让你更容易获得反馈信息。比如，杀一个怪，得多少经验值、多少钱、捡到什么装备。在现实中，你看一本书，可能并不能马上给你带来生活上的改变，也不能让你马上变成知识渊博的人。而在游戏里更容易获得成就感、满足感、荣誉感，更容易满足在现实中无法实现的欲望。

2. 缺乏解决问题的相应能力

有些人在处理超出个人能力范围的事情时，会产生焦虑感，会回避失败的恐惧，认为自己没有能力完成，或者是对被控制的反抗。一方面，他们想逃避内心的烦恼和恐惧；另一方面，他们也希望获得他人的关注或者帮助。

你是否也遇到过这样的情况：由于对方各方面条件比自己好，觉得自己配不上对方，但又抱有一丝希望，概率就像买 2 元彩票中 500 万元大奖一样低，但梦想是要有的，万一实现了呢。

一般来说，觉得自己条件不好的人，都会觉得缺乏某种能力，比如，你可能没对方颜值高。但你可以有三寸不烂之舌呀——我是说沟通聊天能力，只要你足够能侃，不冷场，能调动气氛，能传递你的热情和情绪，能把你好玩、悲催的故事说得跌宕起伏、引人入胜，那你还怕异性对你没兴趣吗?

作为女生的话，如果你是偏内向、不太爱说话的，就让对方带领你，你不断地肯定对方，给些鼓励，多做倾听者，也能很愉快地玩耍下去。

3. 拖延症的出现

鉴于前面两条的原因，产生压力的一个直接结果就是拖延。也有人说有压力才有动力，不过当你的能力值低于你要面对的事情，同时压力值又高过一定水平，你就会产生焦虑感、想要逃离等负面情绪。而这样的负面情绪会大量消耗人的意志力，人的意志力也像人的体力、能量一样是会被消耗掉的。一旦使用殆尽，意志力就会被瓦解，就会陷入需要放松来缓解压力的局面。而放松之后还是没解决问题，压力再次来袭，事情无限期拖延下去。这是能力不足或受到太多诱惑导致分心造成的拖延。

还有一种拖延。你也知道自己要搞定某件事，但不具备相应的能力，也想通过学习来获得提升，改变自己的境况。但每次一想到要花很多时间、精力进行学习，而自己拖延成习惯，经常三分钟热度，怕自己会学不好，或学得时间长坚持不下来，而且还要花钱。在这样纠结的情况下，压力陡增，为逃避压力，你下意识地就会选择拖延。

4. 缺乏自信

缺乏自信是最核心的原因：不相信自己能做到，甚至是自我暗示自己做不到，认为不能成功，不如干脆不做。虽然现在存在压力，但可以选择逃避、玩游戏来释放。如果选择花时间学习来改变自己，这个过程可能更痛苦。

自信的人虽然也会有压力，也会拖延，但和不自信的人比起来，最大的区别就是，他们懂得如何快速调节自己的情绪和精神状态，懂得调动自己的意志力和其他资源，主动地解决问题，而不是像不自信者一样一直逃避问题。你选择逃避，你的问题是永远不会自己解决的。

有哪些方法可以解决拖延和逃避?

1. 善用解决拖延症的工具

先从每日早起开始，而且要比你平日早起 1 ～ 2 小时，目的是更好地利用早晨的黄金时间。

因为从起床到上午 10 点半这个时间段，人的精力是最旺盛的。人的注意力、意志力、精力和体力一样是有限的，并且会随着体力的消耗而消耗。所以，在这个时间段里，你把一天当中最重要的三件事做完，你一整天就会相对轻松，不会焦虑。

前面介绍过时下最流行、最有效率的工作方法——番茄钟工作法。这里再推荐一下。番茄钟工作法就是每工作 25 分钟，休息 5 分钟。每天坚持完成三个番茄钟，一次只做一件事。这样的时间设定是考虑到很多拖延症患者的注意力上限的时间。当然有些朋友的注意力时间较长，就不能生搬硬套，可以根据自身的情况调节番茄钟的时间长短。现在手机上有各种各样番茄钟 APP，大家可以找来试试，帮助你快速进入工作状态。

在这样的辅助手段下，同时排除其他干扰（关闭所有社交通信工具、不相干的资讯网页），可以比较快速地帮助你进入心流状态。所谓心流，就是你能心无旁骛地做一件事情到全神贯注的地步，并且本能地反感别人的打扰。如果你在工作学习时，能进入这样的状态，效率就会奇高，甚至精神会感到愉悦。

2. 承认自己的不足，借助外力帮助自己提升能力

引用个小故事。一个小男孩在院子里搬一块石头，父亲在旁边鼓励：“孩子，只要你全力以赴，一定搬得起来！”但是石头太重，最终孩子也没能搬起来。他告诉父亲：“石头太重，我已经用尽全力了！”父亲说：“你没有用尽全力。”小男孩不解，父亲微笑着说：“因为我在你旁边，你都没有请求我的帮助！”

很多时候，我们就是那个小男孩，只知道使用自己的有限能力去做事，而如果你要达成目的，可以有多种方法。

在你个人能力范围内或挑战性不高的事情，靠自己可以完成。而如果是远远超出自己能力范围，那你就变得很无助、焦虑。此时寻求高手、专家的协助，肯定是最好、最快、最省事的办法。专家们在他们所在的领域，已经投入了足够多的时间、精力来研究此类问题，并处理过一定数量级的案例。他们给出的解决方案一般都能帮你解决问题。

什么？

不懂如何寻找？

难道你不会使用搜索引擎？

不会进行横向对比哪个好，哪个适合你？

那你“双十一”的时候是怎么找你要买的宝贝，怎么货比三家，怎么最后“剁手”的？

上面这些方法，会大大缓解你的精神压力。人一旦处于放松、能应付自如的状态，就容易把要解决的事情处理好。就像你已爬完很高的楼梯，再从顶部坐滑梯下来就轻松得很。

解决逃避心理并没那么难，只要你有豁出去的勇气，配合使用科学正确的方法，问题会迎刃而解。

省钱发不了财，投资自己是回报最高的创业

“双十一”你不去网购都感觉好像不合群一样。在这样的刺激下，我们为贪图便宜，经常会购买一堆最后都不太用得上的商品。你回忆一下，你有多少次买的食物囤在冰箱里直到发霉？又有多少次买的商品，最后在角落蒙尘？

人总是为了节约一点小钱而忽视小问题，等小问题发酵变严重后才会重视，却要为此付出更大的代价去弥补。例如，牙齿问题，你是否经历过？小小的牙疼或牙龈出血，你并不太理会，直到蛀牙脱落，不得不换上昂贵的假牙。

我始终认为，投资自己是回报最高的创业。

现在国家鼓励创业，但实际情况是，并非人人都有创业的能力、胆识、运气、机遇。

虽然你可能实现不了一次传统意义上的创业，但有另一种创业在等着你，因为我们的人生本就是一场创业。在这个创业中，你想要让自己的人生过得幸福圆满，不付出任何努力，你“创业”成功的梦想是很难实现的。

想要在激烈的竞争中胜出，唯有投资学习才是王道。假设你想要做个好销售，不学习提升你的技能，只会一味强硬推销，销售效果会大打折扣。你想要和外商做贸易，不会外语，怎么商务沟通？

我有个朋友，遇到事业瓶颈，又厌倦现在的工作，于是辞职加入一家培训机构做销售。在入职培训期间，他还另外花时间花钱参加速读、速记等提升职场技能的培训，费用高于他此前的月薪，不过他认为很值得。这些相关技能对他提升销售业绩有直接或间接的帮助，半年时间他就成为该培训机构的销量亚军。

我发现，很多在人生路上迷茫的朋友，弄不清“消费”和“投资”的区别，并且没有认识到“时间”也是一种成本。

富人常常是花钱买时间，穷人是花时间省钱。

常见的例子是，吃喝玩乐是消费，买车属于消费，你是用车来做交通工具；而有头脑的富人买豪车充门面谈生意，节约信任养成的时间，这就是投资。有些朋友想要省钱，租离公司很远的房子，每天上下班的时间要花两三个小时；而如果租离公司近的房子，省下来的时间你可以用来做兼职赚钱，也许早就把多付的房租赚回来了。

市面上各种培训都是针对个人能力提升的。参加培训是让你获取某项技能的最快方式，是一种投资。相较于自学，有老师指导效率更高，可以减少你摸索、试错的时间——当然，前提是要找靠谱、有效果的机构。

我们的人生是一场创业，自己就是最核心的产品。想要创业成功就需要不断投资，升级、打磨产品——你自己。

我们的父母就像天使投资人，提供我们基本的生活保障和学习条件，让你有机会和别人竞争。你成年了，开始工作后，能否获得更大成就需要靠自己的努力了。就连美联储前主席伯南克的女儿，都是贷款 40 万美元读的大学。

记得 2008 年，我做一个电子商务项目。当时网站的主要流量靠搜索引擎的付费广告获得，但如何投放以产生最高回报则是一个技术活。当时这方面的资料和培训很少，偶然看到一个专业培训，要价 3000 元。一开始还是觉得有点小贵的，经过计算投入产出比，我认为还是挺划算的，最终选择了参加这个培训。这笔投资，1 个月就回本了。

再后来，我又陆续参加过各式各样的培训，比如演讲、英语、营销、写作等。通过快速学习，让自己的综合实力获得全面提升，也为后面创业成功打下了坚实的基础。把自己当成一家公司来投资，把自己当成产品来打磨、升级。学习永远是性价比最高的投资，让自己多掌握一些技能，你投资的钱很快就会赚回来，绝对不会赔本。

虽然这个道理你也懂，但你可能还是会说：我现在还是学生，我刚毕业，我也想学习改变，我也知道这些对自己有帮助，但资金实在有限，没法参加。

你们太束缚自己的思维了。现在的互联网创业者，除了一开始自己投资一部分外，更多的是找投资人来启动创业项目，靠多轮投资人的钱才能持续做大。马云、马化腾这样传说中的"牛人"都是这样起家的。如果你确定某些培训可以帮助你获得一定的回报，完全值得借钱去学。

投资圈里流行一句话，创业初期资金不足如何解决？靠三个"F"：Family（家庭）、Friend（朋友）、Fool（傻瓜）。父母和朋友是最能帮助自己的。你能力提升，工作收入改善，自身实力变强，你才能更好地给他们回馈价值。不要羞于向家里寻求帮助，他们已经无偿帮助你读书、找工作，难道不希望让你变得更好吗？

除赚钱技能外，人际关系、恋爱情商都值得你好好学习。当然会有一些思想保守的父母会担心是否有用，怕被骗。你如果能有投资自己的意识，我相信你可以晓之以理、动之以情，说服他们支持你。这完全取决于你的决心。

我们的人生就是一场创业，自己就是最核心的产品。想要成为人生赢家，不要吝惜投资自己，不要让自己成为次品。通过各项技能的学习来让自己变得强大。天天想着如何省钱，不会让你变得更好，只会束缚你的思维，甚至贪小便宜吃大亏。投资自己会为你创造更多可能性，投资自己是回报最高的创业。

万事先问“为什么”

在做咨询的过程中，经常会被问到类似下面的一些问题：

我喜欢的妹子不喜欢我怎么办？

面对男神，我总是患得患失，怎么办？

我知道我的问题在哪里，可我想改却改不掉，怎么办？

我怕付出努力后却得不到结果，怎么办？

我阅读了很多老师的文章、资料，为什么还是没有改变？

有时候自己什么都懒得做，话也懒得说，怎么回事？

……

这些状况的背后，其实是缺乏分析问题、解决问题的逻辑能力和方法论。

在这里给大家普及一个理念，可以帮助你理清思路，方便找到根源，也便于你找到解决方法。

这个理念就是——万事先问“为什么”！

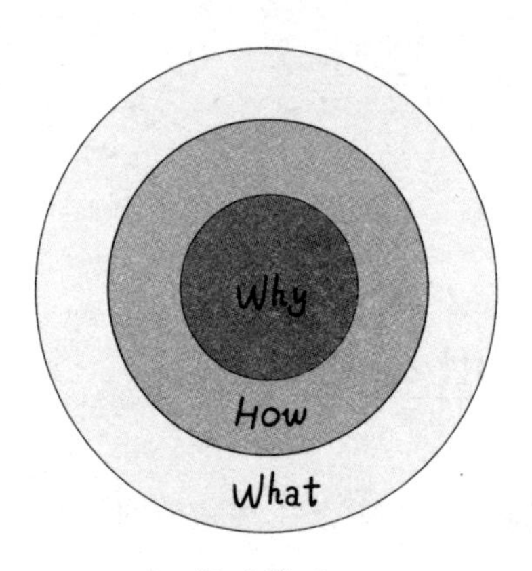

思维模式

遇到问题时，很多人的行为模式顺序是，先问“做什么”“怎么做”，却从来不问“为什么”。他们对根源性问题很模糊。

而聪明人则是先问“为什么”，再去构思“怎么做”。

而“做什么”就是基于前两者的结果。他们懂得先掌握事物的本质，这样做会事半功倍。

举个例子，为什么苹果公司如此具有创新能力？

他们比竞争对手更善于创新。

其他的电脑公司，比如戴尔、惠普、微软，也可以招到同样的人才，也可以复制苹果公司的产品形式，但为什么就没有做出和苹果公司产品一样的感觉？

微软做出的 windows phone，就怎么也没法和 iPhone 比，在中国的市场占有率极低，低到支付宝都忽视这部分群体的需求。

如果苹果公司和其他竞争对手一样，那它的广告语会是这样的：

“我们制造出色的手机，它们设计精美、使用简单、界面友好。想要买一台吗？”

“不想！”

苹果公司实际上是这样宣传的：

“我们所做的每件事情，我们都相信要打破现状，以不同的角度思考。”

“我们打破现状的方式，就是让我们的产品设计精美、使用简单、界面友好。”

“我们只是碰巧制造手机而已。”

“想要买一台吗？”

是不是感觉不一样？

结论是，苹果公司给出不一样的理念，讲出喜欢追求个性的用户的内心需求——我要与众不同。

这个理念也同样适用于情感、人际关系、学习等领域。

比如，一个没有恋爱经验的男生向女生表白被拒绝后，不是思考自己“为什么”被拒绝，而是不停地想：我该做什么、怎么做，才能让她喜欢？然后就跑过来问：“我喜欢的妹子不喜欢我怎么办？”

这个“为什么”很有可能就是，男生缺乏吸引力、颜值低、情商低、不善表达等。一个很无趣的人，怎么能吸引到女孩子？

你知道这个问题的根源后，是不是就要针对这些问题去想办法解决？

颜值低不要紧，三分长相七分打扮。黄渤、王宝强这样的颜值，经过造型师的改造一样可以变男神。情商低、不善表达、缺乏幽默感都属于能力问题，是能力就可以通过后天的学习、训练获得。就像没人生下来就会骑车，都是经过一定的学习才掌握的，不是吗？

所以，万事先问“为什么”！这可以有效帮助你找到问题的根源。

前面提到的几个问题，我在这里给大家分析一下。

问：我知道我的问题在哪里，可我想改却改不掉，怎么办？

答：除非你是在游戏里开挂或是“YY”，否则在这个现实世界里，你要想做成一件事，离不开三个维度：知识、工具、时间。你所谓的“知道自己的问题在哪、无法调整、花费许多时间精力也没有效果”，那就是三个维度中有一样或多样存在问题。

你解决问题的知识体系是不是并不适合？

它是否被验证有效，是否有可模仿性、可复制、可学习性？

你是否有更合适、更有效率的辅助工具？

最后是时间，也是最考验人耐力的维度。很多方法、工具都没问题，但缺乏一颗恒心，或者是缺乏如何更有效地让自己坚持做一件事的方法（你看时间维度里也存在各种方法论）。而时间的累积，也是你实践经验积累的过程。你最终是否熟悉、擅长一件事情，经验积累是无法忽略的任务。

问：我怕付出努力后却得不到结果，怎么办？

答：这个问题分三部分。

一是，对最终要解决的目标决心不够。例如，很多人都想减肥，但他们绝大部分都只是想，因为减肥的效率低下，他们又缺乏耐心和管不住自己的嘴。

二是，他们所谓的付出努力，其实离真正的努力还差得很远。还是以减肥为例，假设明白自己要想成功减掉 30 斤脂肪，需要每天减少摄入热量 × 千卡，必须完成 5 公里慢跑，而实际每天也就做到一半，甚至是三天打鱼两天晒网。

“知乎”上有句名言：“以你努力的程度之低还轮不到拼天赋”。说的就是你这样的人。

三是，有时候你能否做成一件事，不能只盯在结果上，那只会让你分心，让你无法集中精力解决当下的问题。也不要和他人做过多比较，不然产生的负面情绪无法消除时，我们就会采取“刻意的努力”的措施来进行对抗，借此摆脱困扰感受。而一旦你事事都要与他人比较，而非以自我成长为主导，就会陷入不断寻求他人认同的循环中，容易受外界影响。你如果不是以“让自己变得更好”为出发点，你所努力的专注度、投入程度就都会打折扣。

总之，任何不想付出代价就想得到收获的想法，都是耍流氓。

问：我阅读了很多老师的文章、资料，为什么还是没有改变？

答：这个问题和前面两个问题有关联性。你认为只要非常非常非常地“努力”阅读文章，就应该马上具备文章里所说到的能力。

但为什么竟然没有产生效果、竟然没用？老师讲的东西是不是有问题？老师是不是骗子？是不是忽悠？请再回到上面三个维度的概念处，重要的内容看三次。

我给出的答案如下。

（1）你可能未仔细阅读。基本每篇文章结尾都已提供一些具体操作方法，或是进一步引导你去深入学习相关知识。

（2）很多人的问题，不是单靠一两篇文章的讲解就能实现改变的。而且一个复杂的问题也无法只通过一篇文章就能事无巨细地全部讲完。比如自信的提升，光知道理念，没有设置系统的训练计划和实践安排，以及相应的反馈和答疑，就无法真正吸收和习得知识。

（3）自信与情感的学习是一项系统工程。没有构建你的知识体系，没有把所有文章里各个零散的知识点通过思维导图的树状结构进行梳理总结，你就没法掌握这种解决问题的能力。没有进行深入的理解、记忆与实践，很容易看完就遗忘。

（4）文章一般只是起到启发你思维的作用，为你找到解决问题的方向。接下来你可以自己通过网络搜索找到相应的书籍或解决办法，去自我训练。自学需要足够的自制力和自觉性。自学的方式就像摸着石头过河一样，需要靠自己不断地摸索与试错，不畏惧挫折，才有可能到达成功的彼岸。

问：有时候自己什么都懒得做，话也懒得说，怎么回事？

答：这个问题，其实——你——就——是——真——的——懒！！！没有别的！！！

没有勇气的人，就别想着逆袭了

《碟中谍》系列电影的主演汤姆·克鲁斯，演过一部电影《明日边缘》。他饰演的角色由于某种不明原因，无意间进入一次次生死循环，他不断地想尽一切办法，去改变人类被外星人打败的命运。

汤姆·克鲁斯作为电影的正派男主角，结局肯定会逆袭成功，主角光环闪耀。

但是，你有吗？

你现在是否也处于死循环中？

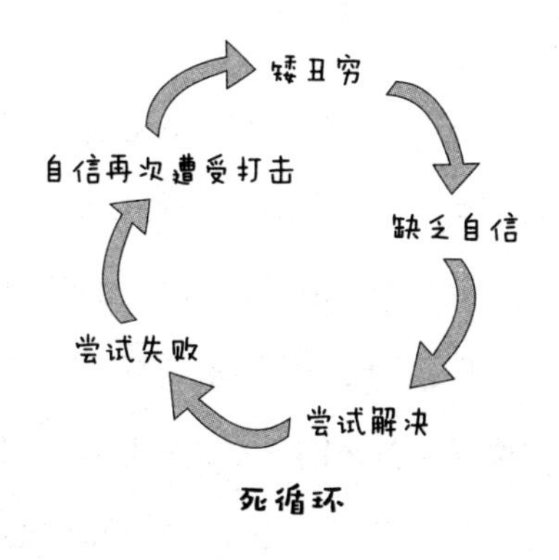

死循环

你是否也有下面这样的经历？

爱情——面对喜欢的异性容易紧张、放不开，不会说话，各种讨好，却还是得不到对方的心，各种被拒绝。尝试过学习一些方法却没什么效果，于是放弃，直到下一次碰到新的喜欢对象，依然碰壁。

事业——职业起点低，收入不高，加班加点是家常便饭；想努力工作，但投入与回报不成正比。

学习——你想静下心来学习，却看不进书；然后就转向打游戏或其他的娱乐让自己放松下来，直到无法忍受自己这样颓废下去；又拿起书，却还是烦躁、看不久。

人际关系——习惯性“死宅”打游戏、看视频，各种娱乐，就是不愿出门和别人交朋友，更不必说异性朋友。

爱情、事业、学习、人际关系等决定你人生幸福的事情都处于匮乏状态。

我相信你尝试过去做一些改变，但收效甚微。由于以上四个方面会互相影响，会让你感觉什么事情都做不好，慢慢地也会不断自我暗示和否定自己，陷入恶性循环的旋涡。看不到改变的希望，于是在玩乐中寻求解脱、安慰，虚度光阴。

直到下一次再遇到打击时，严重的挫折感才会让自己顿时又醒悟，决心不能再这样下去，暗暗发誓要想办法改变境况。但能改变的总是少数人，大部分人依然是只是想想、喊喊口号而已。因为他们真的不知道该如何从死循环中突破出来。

你想要真正改变这样的现状，就需要从“死循环”中找到突破点，就像汤姆·克鲁斯在《明日边缘》中的角色一样，他发现每次死后就会返回到“存储点”，重新开始。为了不再重复死下去，必须不断地提升自己的战斗力和其他实力，直到游戏终点。

那你的突破点在哪里？

我和大量有困惑的朋友沟通之后发现，以下三点是大家无法逆袭的主要原因：

① 缺乏具体行之有效的方法。

② 缺乏行动力，不敢实践。

③ 自信心态、心理原因。

这三点互相影响、互相制约。

针对第一点，其实在互联网时代，不缺有效的方法和靠谱的专家老师，只要你有心去找。

对于第二点，是否有行动力和心态有密切关系。

你是否有以下几种心理状况：

① 喜欢找借口逃避。

② 在意别人的看法。

③ 问题太多，状态混乱，无从下手。

④ 害怕试错成本太高。

⑤ 喜欢拖延。

⑥ 缺乏决心与勇气。

如果你有超过两条以上，那你的行动力就会受到影响。而且以上六点都与自信心有密切联系。

自信是支撑你做成任何事情的基础，是帮助你承受挫折打击的防护盾，是支持你走到目的地的驱动力。

很多朋友无法改变的首要决定性因素是心态问题。

一个人心态不健康，就像军队没有士气，即使装备好、人数多过敌方，也很难胜利。

有人觉得，问题还没严重到非解决不可的地步。但等到想要解决时，一般都是再次栽跟头、头破血流的时候。

你的大脑认为要改变，而过一会儿，你还是犹豫。事情就这样拖延下来，这是大脑原始机制造成的。有专家提出，大脑里有两个“我”，分别设定为系统 1 和系统 2。

系统 1 运行的特点是无意识、快速、感性、直觉，消耗能量少，出于本能，是自主反应；系统 2 运行的特点是有意识、慢速、理性、推理，消耗能量多，擅长计算、逻辑思维，相当于自控力。

系统 1 无法关闭，且一直默认在后台运行，会本能地规避风险；系统 2 一般情况下处于关闭状态，运作需要消耗大量能量和注意力。

这两个系统在某些情况下会发生冲突、出现矛盾、互相打架、互相影响，致使你的大脑思维也变慢。

假设你要去蹦极，或者是坐云霄飞车等刺激性的事情，系统 2 告诉你，只是游戏而已，有安全的保护措施，不会有事的，这么多人都这样做，都没事，你也不会有事；系统 1 告诉你，虽然是游戏，但还是有危险性存在，万一真要出现事故怎么办？事实上也的确出现过类似的事故，虽然发生率非常低，但万一呢？

有部分人，感觉自己做什么都是错的，越错就会越打击自信心，于是就干脆什么都不做，遵从本能、保守的思维，没有变化。但至少“矮丑穷们”脆弱的自信心没有再次遭受打击。

这是心理防御机制的消极面在起作用。这就是为什么，你在面临很多人生选择时会纠结的原因。

那如何打破死循环？解决办法就是豁出去，通过勇气来突破你的恐惧。

玩过蹦极的朋友都知道，纵身一跃之后，突破自身极限是一种多么爽快的事情。紧张、刺激、有惊无险，充分地释放你的肾上腺素，连类似于“跳楼”的事情都不怕、都没事，那还有什么比这更可怕？

所以，缺乏勇气的朋友，建议你去做一些需要胆量的事情，这是帮助你突破死循环的开始。如果你没有条件去蹦极、坐过山车，那就去街上搭讪，这也是极具挑战性的事情。上街搭讪陌生人，尤其搭讪陌生“高分异性”，绝对让你心跳加速。

心理学的认知行为疗法理论，把主要着眼点放在患者的不合理认知上。通过改变患者对己、对人或对事的看法与态度来改变心理状态。你要想改变一件事，先行动再说，比起什么都不做，肯定会带来不一样的结果，会有不一样的体验。即使是失败了，你也体验过。体验本身就是一个学习和改变认知的过程。即使最后你可能没有彻底改变，但至少会比原来的你变得更好一些。

如果你成功地做到了你之前认为做不到的事情，你的大脑会有种恍然大悟之感——原来我也行。你体验到“原来我也行”的感觉，就是增加你客观自信的开始。

日常生活中，如果你是一个寡言少语的人，那就建议你每天在上班、上学的路上，和至少三个陌生人打招呼。可以是很简单地面带微笑地说“早上好”，也可以闲聊几句。

可以是看门的大爷，也可以是做清洁的阿姨，或是你碰到的任何人。当然如果是美女帅哥，效果会更好。只要你用放松自然的方式表达自己，没有人会反感。坚持一个星期，你会发现你说话的状态都会有所不同。

如果你太“宅”，下班、下课后就不要直接回家，你回去也很有可能就是在玩游戏、看视频。你可以尝试换一种生活方式，找一些你感兴趣的活动去参加，比如桌游、唱歌、读书会等等。也坚持一两个星期，你认识的朋友也会慢慢增多，你也会变得更加开朗。

如果你不会说话，就去参加一个演讲训练或专门教授沟通技巧的兴趣组织或培训班。不会说话不丢人，丢人的是你一辈子都不会说话。

如果你连最简单的行动都没有，你现在还是不愿意付出和改变，那么几年后你依然是什么也没改变，依然缺乏资源，依然不受异性欢迎。唯一的变化就是积累了很多失败经验。

改变现状就像射箭，你不拉弓放箭，永远也不会射中靶子，也永远不可能达成目标。

在硅谷创业的风投圈，流行一句鼓励年轻人创业的话："Ready Fire Aim"。这句话直译过来是"准备、射击、瞄准"。这与我们通常的准备、瞄准、射击不同，它的意思是说，确定好一个目标，就先马上行动；根据效果评估，再进行调整。当你在目标面前不断徘徊的时候，浪费的不仅是生命，还有勇气。

"无勇气，别逆袭！"一直是我秉承的自我提升理念。愿你的勇气现在就能迸发出来，马上去做一件能给你带来改变的事情，即使变化只是一点点。

怕，你就会输一辈子

我做过超过 5000 人次的咨询案例。总结后发现，其中超过一半的人的一个行为让我很诧异。

他们来咨询前，自卑、沟通、社交、恋爱问题已经困扰他们很长一段时间，短则三五年，比较长的有 20 ～ 30 年。

我问他们，问题困扰你这么久，是否曾想办法解决，或尝试过什么方法？

一部分人说，使用过一些简单的方法，比如自我暗示、看看书，或者是听别人说过一个什么方法，稍微尝试一下，没什么效果就放弃。

另一部分人，则直接说不知道使用什么方法，就这么稀里糊涂地熬过来，但直到最近实在又顶不住，又偶然看到我的文章就过来咨询。

面对问题，大部分人的反应，就先是怕，然后选择逃避，逃无可逃再说。

我很佩服你们，怎么能忍受这么长时间？

怕是这个世界上最没用东西。怕，不能为你解决任何问题，只能让问题更严重。

我印象中，小学四年级之前，我还是很活泼好动的，慢慢开始变得内向是从小学五年级转学到新学校，不适应新环境，和《头脑特工队》里的小女孩莱莉很类似。

由于不适应老师的教学方法（打骂、体罚），我的成绩开始变差，甚至厌恶学习（在转学前，我的成绩还是不错的，在班里是排前列的）。

我的父母在此时没有采用鼓励和实质性的提升成绩的方法，而是选择对一个三观还未形成的小孩采用激将法、激将法、激将法！！！——别人家的孩子如何如何好，你应该多努力等等。

不过后来，我认识的很多被称为“别人家的孩子”的朋友，其实也有不愉快的成长经历。他们也承受很多压力，只不过在那个以成绩高低决定一切的年代，他们至少占点心理优势。

处于成长期和青春期的孩子，都是有逆反心理的，用对比这种方式只能起到反作用。

然后，从小学升初中时开始长青春痘，直到大学毕业后才慢慢好转。但这在我整个青春期和成长过程中给我造成了巨大影响，让我感到自卑和不敢表现自己。这对我的自信心有非常大的打击，而“内向”的表现就是这些因素的综合结果。

我估计很多朋友，也有和我类似的境遇。

我在反复的打击中，也怕过，内心总是祈祷，期望上天帮我走出困境。每次过后，却并没有发生任何转机，日子就这样浑浑噩噩地过去了。

不善言辞，和同事、客户沟通不顺畅，工作效率低下。

内向自卑，让自己没法认识更多的朋友，不能让自己过得更开心。

故步自封，不愿走出现有朋友圈，认识不到可以发展的姑娘。

直到我毕业开始工作，需要承担更多责任，也希望能给家里人更好的生活，才慢慢意识到，这样内向自卑的心理，会对我的人际交往、职业发展、恋爱都造成很多影响。

怕既然没用，不如做点什么，也许还有机会。于是我开始慢慢寻找解决办法。

也许，就从那一刻开始，我渐渐变得成熟。

我就先从最困扰我又容易解决的问题入手。

青春痘一直影响我的颜值（没错，自认为有点颜值，比高晓松、王宝强、黄渤要高很多），我找过很多方法，例如吃药、皮肤治疗、洗脸清洁等等。

我记得去过某个私人医院开过 600 多元的药膏。虽然好像没什么效果，但当时为治病，真是什么都要尝试。可能是在这样的多重努力下，皮肤终于渐渐变好，对自己的外表，信心提升不少。

生理问题会对自信产生影响，只要能修复，就尽量找办法。

如果你面临的问题已成为暂时无法改变的事实，那就只能自我接纳。

在 2004 年左右，进入社会后，我发现自己穿衣太土，但又不知道如何改善。身边的朋友要么穿衣风格和我差异大，要么也是不会穿衣。

那时互联网资讯还不像现在那么发达，几乎搜索不到男士穿衣打扮的资料。于是我只能去图书批发市场搜罗，从有限的时尚杂志上，找到一些勉强可借鉴的内容。《男人装》就是从那时候开始阅读的。

那时淘宝还没起来，eBay（易趣）一家独大。我偶然搜索到，一个商家在卖日本男士服饰搭配杂志的光盘，名字好像叫men's uno（若干年后才发现有国内版）。当时支付宝、网银等在线支付还不流行，需要通过银行柜台汇款。从购买记录来看，我是他为数不多的买家。总之，通过费劲地找资料，终于找到可以让自己变得时尚一些的方法，然后就照着杂志买类似款式进行搭配，也算有模有样。

某次要参加一个晚会，就索性去发廊，让总监整个当时韩国流行的微卷发，配合休闲西服和牛仔裤，我瞬间变身“欧巴”。

也被身边一些朋友打上“小资”的标签。但我从来不认为自己是“小资”，如果一定要是，请让我当类似于王思聪这样的，我没有意见。

再后来，我又发现因为成天做技术工作，经常加班。加班结束也是打游戏，甚至就在公司里打地铺。当时还自我调侃，这么努力工作，肯定可以当个“企业家”——以企业为“家”。

严重缺乏人际交往，我的沟通、社交能力明显退化。我当时一度担心自己以后一辈子就这样和电脑度过下半生。

人的承受力总是有极限的。有一天，我主动向老板提出，能不能让我多参与一些和客户沟通的工作。这样可以适当地让我多说话，虽然当时嘴很笨，但这已是我当时能想到的最好方法。

再后来，我干脆提出，销售和客户谈判时都带上我，我既能为销售提供技术支持，又能让自己多一些锻炼的机会。

大概经过了两年，我能明显感觉到，比刚工作时要好很多了。但进步缓慢，而且还是不能像厉害的销售员那样能说会道，并且有时候状态不好就无法发挥。

自我成长之路缓慢而艰辛。

沟通能力进步后，发觉除了同事、同学，没有其他朋友，尤其是异性朋友，你们懂的。

当时就寻思，什么样的地方会美女多点？同时还可以结合自己的兴趣爱好。

最后发现，参加摄影外拍小组是最优选择。

当时选择参加摄影平台 POCO 网在本地的一个摄影小组，平均每周都会由组织者组织外拍、聚餐，或偶尔有餐馆试吃拍摄活动，类似于免费吃，然后帮拍照发上网。如果当时有微信，就直接转发朋友圈。

去过种满银杏的古老村落，也去过已被废弃的火车货运站，还去过有几百年历史的明王城。

参加这样的社交兴趣活动，既可以认识很多朋友，又能去很多好玩的地方，还能一尝当地的美食，一举多得。

在这个过程中，自然还认识不少美女模特、美女摄影师。

通过这些，我想说明，与其像条咸鱼什么都不做，不如就从最简单、最能改变自己的事情着手。就像蝴蝶效应，你只要做出一个正向的决定，它会带给你更多的正向结果。

不自信的你，会不自觉地产生各种消极想法。比如：

我不行。

我总是失败。

其他人不会喜欢我。

我非常在意别人怎么看自己。

我又犯了一个错误。

我会给自己贴各种负面标签，如笨、懒、没有吸引力等。

这些给你带来消极、负面压力的思想，在心理学上被称为“认知曲解”。这样的认知错误，如果不从你的大脑里踢出去，那你一辈子都会受此煎熬。

同时，人的焦虑、怕的情绪，某种程度上也是在保护你自己，是为避免你冒无畏的风险。

所以，如果你已经习惯消极思维，每次想改变时就会被强大的力量（自我保护的潜意识）阻碍，让你无法行动，或是浅尝辄止，很快放弃。于是打击继续加重，恶性循环。

这有点像牙疼或患上小病，刚开始你不以为然，或是嫌麻烦，或因为有拖延习惯，就不予重视。直到问题非常严重了，必须要进行深度治疗，你就需要花更多时间、金钱，以及承受更大的病痛和精神煎熬。

人在面临困难、危险的时候，人的大脑的“边缘系统”会使人做出以下三种选择中的一种，来应对危险：

一是僵持，停滞不前，观察情况。

二是逃跑。

三是战斗。

很多人既想改变，但又害怕改变。想改变是出于人趋利避害的本能，害怕改变也是如此。

你担心改变要付出巨大的努力，可能还会失败，与其这样，不如保守一点，以后再说。渐渐地，僵持和逃跑成为你的习惯。就这样慢慢消耗下去，你的宝贵青春也就悄悄流逝了。

看完张家辉、彭于晏出演的励志电影《激战》，很有感触。以拥抱恐惧来对抗恐惧，你越害怕的事情就越要去做。

突破恐惧、克服障碍的一瞬间，就是你改变的开始。

既然你来到这个世界，就不用怕。你从出生起就是胜利者，是和亿万兄弟姐妹竞争的胜利者。

张家辉在电影里的角色意识到，自己以前失败后，就一直落魄颓废，浪费太多时间。直到被彭于晏饰演的徒弟永不言弃的精神所触动，他开始振奋，努力训练。他要再次证明自己，他告诉自己："我虽然每次都很怕，不过每次我都会跟自己说，我能做到！"

怕，你就会输一辈子。

四个技巧，让你坚持更容易

很多朋友想要改变自己，但大部分人都卡在"坚持不下来"这个点上。

坚持是你改变的基础之一，是意志力与目标管理的综合体现。那如何让坚持更容易？举我自己的例子。

我曾写出一篇爆文《你连“高效学习”都不会，如何改变自己？》。我当时写作的初衷，有两个：

一是归纳总结自己学到的有效学习方法；

二是告诉那些想改变却不会学习的朋友，（学会）“学习”这个事情本身，对你快速学会其他技能大有益处。

而这篇文章是经过三次修改，一次比一次内容更丰富，最终才获得爆发的。

第一版标题《你不是不努力，你是不会努力！》，内容有五大要点。

第二版标题《你努力的最坏结果，也就是大器晚成》，内容增加两个要点。

但前两个版本都没什么影响力。

第三版标题《你连“高效学习”都不会，如何改变自己？》，内容增加到十大要点，将近 8000 字，非常长。我一开始很担心，现在的人都很浮躁，会不会有耐心看完。

但没想到，在简书和知乎发布后，反响强烈，点赞数都上千。现已授权超过 100 个公众号转发，其中不乏印象笔记、领英、职场充电宝、行动派、壹职场等大号，并且每天至少两个公众号主动邀约授权。总体浏览量粗略估计可能累积超过 100 万次。没授权的估计就更多，就等着“维权骑士”帮我维权。

某种程度上，这篇文章能火，就是因为“坚持”的作用。

但我这里不是指那种鸡汤式的“坚持”，空喊“你要坚持，你坚持就能改变，就会成功”的坚持，这种坚持一般都没结果。因为坚持也需要讲究方法。

首先，请你放弃“一次性就做完美”或“这次一定要有怎样的结果”的想法。这会让你增加无形的压力，最终可能会失败。

我总结，我的文章能火是因为“坚持”，这个坚持是指经过耐心的积累，并采用互联网快速迭代产品的方式进行升级。

采用 MVP 模式进行制作，则能快速检验这个想法是否靠谱。

这里的 MVP，不是指美国职业篮球联赛（National Basketball Association，NBA）最有价值球员（Most Valuable Player），而是互联网词汇——最简化可实现产品（Minimum Viable Product）。

就是说，每当你有一个“创意”或“想法”时，不要指望一步到位就能做到最好。这可能很花时间，而且你想更完美地完成这个创意，就需要耗费大量的精力搜集资料。

三个版本的简书数据，呈现一个 U 字形变化。可能最后一篇是天时、地利、人和都有，于是爆发。

你不是不努力，你是不会努力！

字数 4068　阅读 18907　评论 160　喜欢 1167

你努力的最坏结果，也就是大器晚成

字数 5468　阅读 1950　评论 17　喜欢 112

你连“高效学习”都不会，如何改变自己？

字数 7742　阅读 31817　评论 129　喜欢 1729

写此文的初衷是自我总结的同时，希望对别人也有帮助，也就是所谓的“干货”。

这样的干货型文章是可以不断升级的。这又刚好满足了我需要经常更新文章的需求，可有效降低我写文章的难度（经常写原创文章的朋友应该能理解，要做日更文章是件多难的事情）。

做文章内容迭代升级，其实就是在用你每天都会吸收到的很多新知识。如果你做知识管理，这些积累就会进入到你个人的知识数据库。当某一天，某一方面的资料积累到一定程度，你会发现，这些内容可增加到此前的文章中，提供更有利的论据。

通过这个例子，我再结合日常的经历，给大家总结四条经验，来帮助你更容易地“坚持”。

1. 明确目标

明确目标给你带来改变之后的效果，到底大不大？或者说，想实现这个目标，你的欲望强烈度有多少？

效果越好，欲望越强烈，你的主动性自然也越高。

例如，你非常想 3 ～ 6 个月后有一个非常健康而美丽的身材，那时的你会格外自信，能穿好看的衣服，能秀腹肌、马甲线到朋友圈。

这样的优越感会让你有比较大的动力。

2. 排除干扰，拒绝诱惑

如果你要做的事情，是需要你每天或经常做，并需要一定的时间，那你就需要和自己的玩乐欲望做一些斗争。

你玩乐的欲望如果大过你改变的欲望，你很容易就会放弃。

每人每天都有一样的 24 小时，但每个人每天有效的精力是不一样的。有人可能有 10 小时，有人可能只有 1 小时。

有精力的时候，也就意味着你有效率，能在同样的时间里，比别人做出更多有价值的事情。所以，只能选择屏蔽干扰，例如，不刷朋友圈、微博。没错，工作学习时，远离或关闭手机、微信，或任何可能干扰你的事情。

大家的手机应该都安装了很多APP，很多APP都会每天跳出信息提示。你很有可能每天至少被这样的提示干扰十几次，还不算你每天收到的垃圾短信提示。

这些看似好像不占用时间，但每次的提示音都会让你忍不住去看一眼，而这样的行为就会马上打断你当下的思路，就不容易保持“心流”状态（一种让你完全沉浸在工作学习中的状态，这种状态下会非常专注和高效率）。

你想想你打游戏的时候，就会自然而然地进入“心流”，你会只关注当下游戏状态，而忘记其他事情。

如果你把这种状态放在工作学习上，日积月累，你的成就绝对会帮你成为某一方面的成功人士。

3. 降低坚持的成本

比如说，你想要坚持健身，但上班工作了一整天，累得要死，下班后你又得先吃饭，吃完饭正犯困的时候，哪还愿意去健身？

所以，降低去健身房的成本非常关键。此成本不光是钱，还有时间和物理距离。

健身房离自己住的地方很近，或下班后就直接换上健身服，去健身房，或者直接走路或跑步回家，更或者就在家里健身。

4. 把坚持变成你的日常生活习惯

要把坚持变成习惯，就像你每天要起床，自然要去刷牙洗脸、吃早餐一样。

例如，写文章，你要想每次都专门拿出几个小时写，就会很累，而且容易思维枯竭。

更高效的做法是，随时收集某一主题的素材，可以是金句、图片、观点、事例，或者是你大脑某一瞬间的灵感，都立刻记下来。

其实本文就是我跑步时的灵光一闪，而我很多文章都是在我日常洗澡、走路、运动、吃饭、睡觉前、和别人交流时产生的。我都会在第一时间记录下来，不然很快会遗忘。

当这些素材积累得足够多的时候，你就只需要把这些素材进行组装了。这就比你直接写要容易得多。

总结一下，四个容易坚持的小方法：

① 明确目标。

② 排除干扰，拒绝诱惑。

③ 降低坚持的成本。

④ 把坚持变成你的日常生活习惯。

通过这些小方法，让自己更容易地坚持做一件事。最终通过时间积累，变成你的行为习惯，你就会发生改变。

改变不是一蹴而就地发蛮力，而是细水长流，汇聚成江河大海。

TWO

你内心足够强大，
世界都会为你让路

如何让自己变得内心强大？

内心强大的人，可以被打倒，却不会被打败！

依稀记得，小学二年级，有节课，老师让全班同学每人上台讲一个故事。

其他同学都顺利完成。轮到我时，我脑子一片空白，刚说完开头，就开始混乱。最后，已结巴到前言不搭后语，无法讲完。被老师奚落之后，我蒙头逃窜回座位。

此时，画面黑白，老师的声音形成回声，在我心中回荡。

“连个故事都讲不好！”

“连个故事都讲不好！”

“连个故事都讲不好！”

……

老师当时的这句批评，成为我童年的一个阴影。

这个阴影对我的影响，至少延续了 20 多年。

这应该是我能想到的，有生以来第一次感到自信心受到巨大打击的时刻，也让我从此恐惧当众演讲。

每当看到好莱坞电影里的主角，在关键时刻，就会进行一段慷慨激昂的讲演，激励低迷的士气，团结一切可以团结的力量，最终获得胜利，我非常羡慕。主角就是很厉害，就是懂得如何激励他人。那种充满自信的话语和肢体语言，让你真真切切地感受到，这样厉害的人物，内心真是强大。

这激发我也想成为那样的人。

如何才能做到像他们那样？

我尝试过，模仿他们的说话语气、姿势动作，但总感觉有点画虎不成反类犬，学不来。

我陷入迷茫。

后来，我看到《肖申克的救赎》里的安迪，他是个被陷害入狱的阶下囚，却没有自暴自弃，而是凭借自己强大的内心、永不放弃自由的希望，以及自身区别一般囚犯的金融专业技能，最终帮助他脱离苦海，奔向自由的国度。

再后来，我看到《蝙蝠侠：黑暗骑士三部曲》，蝙蝠侠遭暗算，被囚禁在一个深井式地牢里，忍受着背叛、伤痛、绝望等的折磨。他从一个亿万富豪沦为毫无斗志的囚徒。这种落差，换成普通人早已崩溃。

而剧情的反转，是他在地牢里，受到一位长者的教导以及想要拯救哥谭市人民和好友的愿望的激发。于是他开始积极恢复体力，并尝试爬出深井地牢。

屡次尝试而失败后，再次受到长者的鼓舞和启发，他意识到：要想逃出地牢，不能依赖绳索的保护，要有豁出去的精神，才能成功跳跃到可逃离的平台。

最终布鲁斯・韦恩凭借自身的强大意志，逃出生天，回归为拯救哥谭市人民于水火的蝙蝠侠。

这让我深刻理解到，一个人内心的强大，源于内心的坚强意志，遇到挫折永不言败。他可以被打倒，却不会被打败。

内心强大的人不会轻易受到外界的影响，拥有一种真正的自信。

就像布鲁斯・韦恩的父亲对他说的：跌倒，是为了让我们学会站起来。

那什么叫作内心强大？我的理念是：内心强大＝核心自信。

内心强大就是拥有核心自信，核心自信不是自负，也不是自恋。

核心自信，是比一般意义上的“自信”更加强大的状态。

核心自信，不是伪装出来的自信，也不是根据外在条件而有的自信，而是发自内心，散发出来的强大的能量状态。

核心自信，是不依赖于外在条件的自信，不受外界的影响。

而且因为内心强大，拥有能转变因果关系的能力，拥有逆袭的能力。

什么是依赖于外在的条件的自信？

最常见的例子如下。

我长得太矮，我喜欢的人都比我高，很没自信。如果我长得高一些就好了。

我长得丑，没人喜欢我。我只有整容变好看，才自信。

我穷，让我很自卑。我变得有钱，才自信。

我现在条件一般。我要让自己变得更好，才能找到自己喜欢的对象。

我觉得有车有房才能娶到老婆。

这些都是与核心自信相对的“条件自信”，需要一定的外在前提才能自信。

“条件自信”主要分为四种，分别是大众价值观、群体效应、特殊技能、角色扮演。

1. 大众价值观

当我 20 岁出头，意识到我需要让自己变得自信起来的时候，最先想到的，就是如何改变自身外在形象，扮相帅一点，会让我自信。

于是，在资讯匮乏的年代，我把当时能找到的男性时尚杂志买了个遍，学着里面的造型，买相对低廉的搭配（没办法，刚毕业没什么钱，一切只能讲究性价比）。

在镜子面前一站，猛然发现，比起自己之前技术宅男的形象，有了 180 度的反转，我成为当时的“IT 型男”（这么不要脸的话，我都要吐了）。

总之，自己意识到了要让自己变得更好、更有魅力，就至少做到第一步：先让自己看起来更帅气一点点。

当时最喜欢的搭配就是，修身牛仔裤 + 休闲衬衣 + 休闲西服上衣（请自行脑补）。

我发现，自己比同是搞技术的同事更有型，于是优越感油然而生。

直到遇见一位一见钟情的女生，我又被打回原形。在她面前，我感到莫名的紧张，大脑里不断地自我过滤要说出来的话，可越筛选，就越说不出来。患得患失，想赢怕输；别人给机会，却让自己搞砸。悔恨、遗憾、纠结。

这时，我才意识到，我的自信非常脆弱，像薄薄的蛋壳，一敲就碎。

直到后来，我知道了“大众价值观”这个概念，才明白我的脆弱自信来自于哪里。

“大众价值观”的自信，是以是否符合大众价值观的标准来决定自己的自信。

比如说，你今天购买一件新的衬衣，觉得非常好看，你的自信是不是会变高一点？

又比如，今天你购买一辆车，你会不会自信更高一点？

再比如，你今天购买一套房子，自信会更高（当然有几十年房贷压力的另算）。

因为，大众价值观认为，有车有房是好事情，是高价值的表现，穿好看的衣服是自信的表现。

如果你满足这套要求，你就符合大众价值观的标准，自信就变提升。

这就是我们经常看到的，各种明星代言的广告，潜台词都是想告诉你，使用我的产品，你就会变得自信，快来买吧。

这种自信能持续多久？

一件新衬衣的新鲜感所带来的自信，大概也就能持续几天到一星期的时间。

一辆车、一套房，时间会更长一些。

一般来说，价值低，时间短；价值高，时间稍长一些。

2. 群体效应

很多人都习惯于依赖群体才敢付出行动。

我以前参加社交活动，如果没有和朋友一起去，就会感到没有安全感，害怕一个人势单力薄，万一发生什么事，没有人照应。久而久之，独立性慢慢退化。

到陌生人多的场合，我发现，只要当时状态不好，就很容易躲在角落里，默默地玩手机，不敢和别人打招呼，不懂如何融入一个新环境。时间一长，就会越来越觉得没意思，索性就在家里“宅着”。

如果有人主动热情地找我聊天，我也会慢慢地放开自己，能聊一会儿，但也仅限于周围的几个人。

如果有自己的朋友在场，尤其是那种比较放得开、能量气场很足的人，我就容易被带动起来。但下次没有这个朋友在，就又会变回原形。

这让我意识到，在社交时的状态，很依赖于周围人的反应和带动。所以，裙带关系也是提升自信的一种方法。

就连“你瞅啥？瞅你咋的”这样的行为，都会涉及群体效应。

你一个人很怂、不敢瞅，但你有一帮人帮你瞅，你是不是就瞬间很自信？

3. 特殊技能

我相信，每个人都或多或少地拥有某种技能，或在某方面相对擅长和有经验。你在使用这种技能时，会感到有自信。

有一次，我们一群朋友聚餐，其中一个人是朋友的朋友。他的名字叫什么，我不记得了，因为他很没有存在感，吃饭时都没说话，很内向。

饭后节目是 K 歌。在进入包厢后，我发现，这位朋友立马变身“麦霸”，踊跃地点歌和唱一些比较豪迈、激昂、高难度的歌曲。

我能感受到，KTV 变成了他的主场，唱歌是让他展现自身价值的特殊场合。几曲之后，他也明显话多起来。

后来，再次遇见时，发现他日常还是一副内向、不爱说话的状态。

可能会有人说，内向的人，做自己喜欢的事情就会很有热情，平常都是处于安静的状态。这和自信心有什么关系？

我的观点是，内向者若想更好地进行社交和改变自己，需要先明确一个前提：你到底是真内向还是假内向？

如果你是真内向，你可以爱怎么样就怎么样，可以发挥自己真内向的优势。真内向就是深度思考，做一个安安静静的研究者。

如果你是假内向，表面安静但内心有强烈的交友和改变的意愿，那你其实可以有另一种生活方式。

我接触的内向者，大部分其实是假内向。假内向的人可通过有效的训练，让自己变得更容易与他人交往。

由于假内向通常伴随不会聊天、不会社交、不懂得如何自如地与心仪异性交流，久而久之，容易造成挫折感、失败感，进而会造成自信心的降低，恶性循环。

在某论坛上，有人发了一个积累与异性聊天惯例的帖子，有几十页的回帖。

帖子主旨是希望大家能把自己碰到的异性提出的刁钻问

题，以及应对的“标准答案”发上来，供大家学习背诵，以备不时之需。

虽然这个方法真能让不懂聊天的人至少能说出话，但却是不真实的情感交流。

这是将理性思维错误地套在本应该是感性思维的沟通交流上。这种错位导致的结果，会让人变成冷冰冰的聊天机器人，像 Siri。

对方发出一个含有某个关键词的问句，你在大脑里搜索背过的可能匹配的答案，然后输出给对方。这种方法只能骗骗不谙世事的小女生。稍微有些社会阅历、社交直觉、第六感很准的女生，一眼就会看穿你的把戏。

她能感觉到你的不正常，就像 Siri 虽然已经很智能，但你还是能感觉到，它不过是个冷冰冰的机器人，而不是有真情实感、有血有肉的人。

更不必说那些“天资愚钝”的人，根本无法背下海量的惯例库。因为人是活的，说话内容千变万化，不太可能每次都会有所谓的标准答案，而应该是掌握聊天的本质，灵活应对。

像类似的特殊技能，是可以暂时提高自信状态，却有副作用。

4. 角色扮演

有人发现，如果使用一些方法假装高价值人士，可以比较快速地吸引到一些异性的注意。

比如，一个普通白领，通过服饰造型打扮成“高富帅”或社会精英的样子，去到酒吧，把在淘宝上买的仿真法拉利车钥匙丢在桌子上显摆。通过这样的方法，可能会让些涉世未深的人相信。这也正好证明，这个人的内心缺乏自信，没有安全感。这并非是真正的自信，而是在伪装成另一个人，才能有自信去做一些事情。

是伪装就会有被揭穿的一天，并且无法骗过质量与层次都比自己高的人。不真实的身份，一旦回到现实生活状态，就会又变得不自信。由于在所扮演角色和真实的自己之间来回徘徊，久而久之，人格也会变得分裂，分不清到底哪个是自己。

如果你是公司的管理层，有很多人都要听命于你，你在他们面前很自信，因为你有权力。当你碰到老板时，你面对下属时的自信还有吗？

请思考以下问题：

你处于什么角色时，有自信？处于什么角色时，就自信全无？

你是否曾经为了让自己显得自信而刻意“装”过？

这个“装”成功了吗？

这个“装”被识破了吗？

这个“装”让你感到真正自信了吗？

大众价值观、群体效应、特殊技能、角色扮演，这四样虽在一些情况下能给你带来一定自信，却都无法长久、无法自我掌控、无法提升你的内在价值。

我们要做到真正提升自己，就要让自己的核心自信增强，只有这样才不必再担心内心脆弱，而过度依赖条件自信。

如果一个人只有主观上的自信，那不是真正的内心强大，而是自负。

人的自我意识，主要包括三个方面：自我认知、自我意志和自我情感体验。人评价自己，就是要靠第一个方面：自我认知。有的人过高地评价自己，就表现为自负；有的人过低地评价自己，就表现为自卑。自负，往往以语言、行动等方式表现出来。自负的实质是无知。无知有两种表现：一是盲从，二是狂妄。

怎样变成一个内心强大的人？

要让自己内心强大，需要提升核心自信。提升核心自信有三个基本步骤。

（1）扭转思维模式。需要先明白前面提到的条件自信是什么，以及它们对你构建真正让自己内心强大的自信有什么影响。之后是调整此类社会规范、认知对自己的束缚。

循序渐进，让自己摆脱这些条件自信的影响，减少对它们的依赖。这是建立强大内心的前提。

（2）调整精神状态。这涉及精神、能量、气场的话题。

如果你因为工作生活不规律，导致精神萎靡、身体健康不佳，同时又缺乏运动与活力；那你的整体精神力量，就会非常的薄弱。当你遇到困难挫折时，没有足够的精神力量作为内在的支撑，你是无法拥有强大内心的。

调整精神状态，先从每天的睡眠、饮食、运动、健康着手。

（3）突破舒适区，不断提升自己。心理学家班杜拉提出了社会学习理论中的自我效能感（self-efficacy）的概念。

自我效能感，指个体对自身成功应付特定情境的能力的评估。自我效能感关心的是个体拥有的技能能够做些什么。

人在主观上进行自我暗示、思维方式的改变，同时也需要通过大量的实际行动，进行失败、成功等经验的累积。

客观的结果，会增加你的实力，也会促进主观上的思维变化。尤其是你获得成功经验时，你的大脑有一个“奖赏机制”会对你进行奖赏。例如，当你成功通过一项较难技能的考试，比如汽车驾驶，你会感到，自己原来水平还不错，尤其是看到一起学习的同学有人多次都未通过，你会有优越感。

小时候恐惧演讲的我，通过近几年逼自己学习和训练，现在至少可以在 YY 语音，随便和几百人侃侃而谈一两个小时。虽然还达不到乔布斯、雷布斯、罗布斯这样的大神级别，但至少已经拥有认可自己的一群“铁杆”粉丝。每当有“粉丝”赞许和打赏，都不断地让我感到，原来我真的可以做到，原来我可以帮助到很多人，原来我是个有价值的人。

这一次次的训练提高、被肯定，都在不断地强化我的自信心和自我认同感。小时候对当众说话的恐惧感，已经离我远去。我已不再害怕演讲，甚至享受演讲。

所以，每次突破舒适区，挑战自己、提升自己的过程，就是一个训练强大内心的过程。

建立核心自信（强大内心）的过程，就是不断地提升与超越自己，产生一种来源于内心深处的最强大力量的过程。

这种强大的力量感在你的大脑里产生时，你就觉得拥有一种“超能力”、一种超强的精神力量，它可以扭转一切，帮助你有勇气和底气，去解决遇到的各种难题。

你为什么会没有自信?

根据精神分析大师弗洛伊德提出的理论，人的主观意识就像冰山露在水面上的一角，而潜意识却是冰山在水面以下的巨大部分。潜意识潜移默化地支配着人的行为。

弗洛伊德还提出了“童年阴影理论”。你在幼年、青

少年时期遭受了挫折、打击或其他负面影响，如果没有得到及时疏导，会产生心理创伤。因为人的自我保护机制，大多被压抑到潜意识区域，而一旦被触发，容易引发情绪或行为失控。

在你成年后，这些阴影仍会影响你的人际交往、沟通、恋爱等问题。

挫折、打击会引发自卑，变得内向、不爱说话、焦虑、失眠、亚健康、能量低，进而引发更多的挫折、打击，形成恶性循环。这也就是为什么你主观意识想自信，却没有作用或效果有限的原因。潜意识是影响你自信的根源之一。

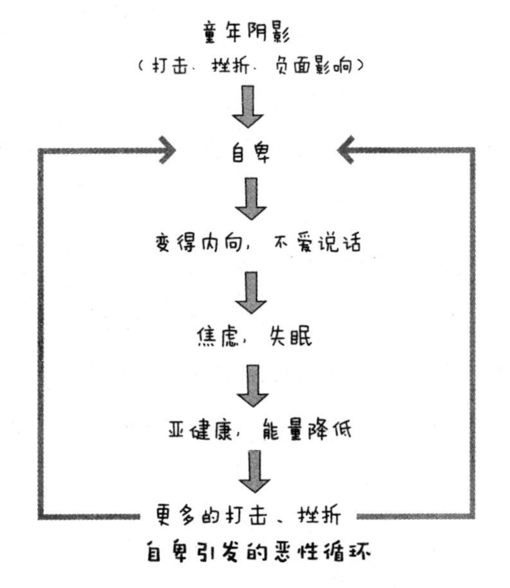

自卑引发的恶性循环

你要想改变自己，就需要解决相关问题，才能彻底提升自信。

只有先找到问题的根源，才能解决问题。

因为这些影响已经产生，并印在你的潜意识里。潜意识是不容易被改变的，无法被主观意识直接控制。这也就是为什么我们有时候通过自我暗示，或是别人暗示，例如看本书、听别人的建议，可以稍微改变一点，但待续时间不长的原因。

不打破恶性循环，就只有继续自卑下去。

我接触到的案例里，有一些学员受自卑影响有超过 15 年以上。每次他想改变，都是有一股强大的力量（自我保护的潜意识）阻碍着他，让其无法行动，所以每次都是浅尝辄止，很快放弃。于是打击继续加重，恶性循环。

自卑，会让你的思维模式发生“曲解”，比如控制不住紧张、患得患失、过分在意他人看法、自我否定等。

而自信的人，一般不会有这样的负面认知。

要改变自卑的状态，就需要先改变已被扭曲的思维模式。

要想改变思维模式，需要先改变认知。改变认知需要通过外在行为的处理和结果来实现。即借助“外力”，对情绪、认知、行为产生正向的影响，来终止恶性循环。

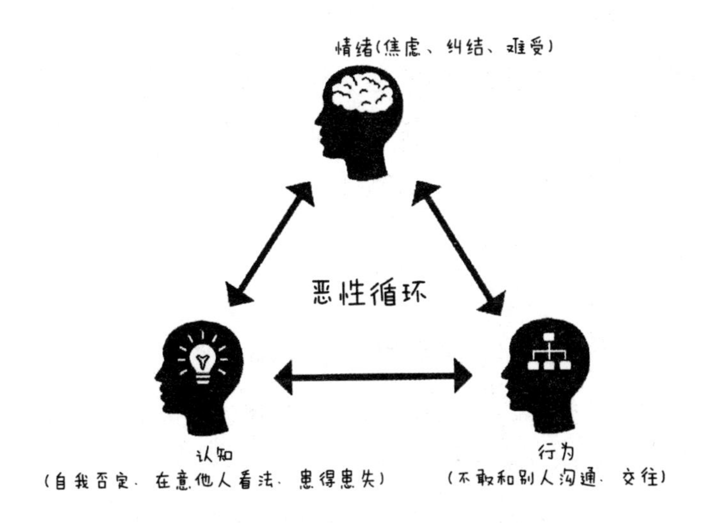

为什么要引入“外力”？因为你的内在力量很薄弱，不然你自己早就已经解决这个问题了。

很多人想减肥，也知道道理，但就是做不到。这时可以借助“外力”来解决，比如去健身房找私教给你量身定做一个减肥计划，辅助你的训练。

有些朋友看过一些提升自信的方法，例如自我暗示、“打鸡血”。

所谓自我暗示，就是成天对自己说“你是最棒的，你本来就很厉害”之类的话进行自我打气。其实这就是某种程度的给自己“打鸡血”。

这样做有没有效果？答案是有，但不持久。这种“打鸡血”会影响你的情绪，让你的情绪容易受到外界影响，因此时效性短。同时这种“打鸡血”，对你的认知和行为的影响有限，这也是不持久的原因。

有哪些“外力”是我们可以借助的？

首先，远离负能量。

如果你自卑，你的生活也会因此变得阴郁。远离那些负能量的人，远离可能带给你负面情绪的事物、影视作品等。

远离负能量就要多和正能量的人在一起。“近朱者赤，近墨者黑”的道理大家都知道，如果你成天和自卑者在一起，负负不会得正。

如果你身边没有正能量的人，可以通过朋友介绍去认识，也可以主动“勾搭”。现在社交网络很发达，加入一些正能量的学习社群，也很方便。虽然大家不一定见到面，但天天一起通过微信群交流，也是可以起到促进作用的。

其次，运动健身。这是目前为止我看到的最容易也最低成本的改变自己状态的方法。运动可有效消除因为焦虑而产生的压力激素，同时可让你更有活力。运动的好处已经人尽皆知了，我就不多说了。

当然，这些方法只能起到缓解作用。如果你的负面思维太严重，例如，只要和陌生人接触就紧张，就需要学习如何消除负面思维的方法。希望本书能给你带来一些思维的改变和启发，以及正能量。

有钱就不自卑？别天真了！

我要是有钱了，我就不自卑了。”

“我的自信只能维持一段时间，很快就会消退。我感觉只能变得有钱，才会持久。”

“我现在月薪 2 万左右，但感觉还是很缺钱，我是金钱自信症患者吧。”

可能很多人都有这样的认知：这个到处讲钱的社会，有钱就可以自信。

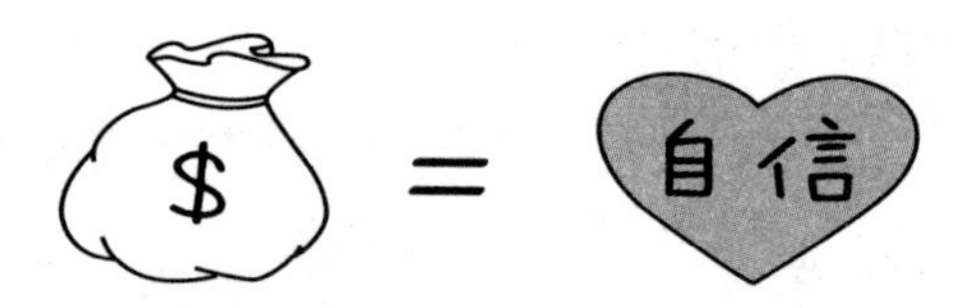

这个大众普遍的认知，在我看来，既对，也不对。

曾经有一星期，连续更新我的自信提升入门教学视频。有很多感同身受的朋友来咨询具体的解决办法。同时也收到上面三个反馈。在他们的思维观念里，已经把钱和自信划上等号。而事实并非如此。

我先说几个小故事（以下信息都经过处理，不会给当事人带来不便）。

2016 年有个“粉丝”来咨询。

他是个家庭环境、经济、自身条件都不错的男生，从事金融行业，开的车是宝马 3 系。过去一直都很内向，开始做销售相关工作之后才慢慢开朗起来。他的感情经历很简单。

在认识一个女生后，他发现对方对自己态度也不错，就开始主动发动攻势，希望通过送各种贵重礼物

（甚至打算送宝马）来快速确定两人关系。但对方也是经济条件不错的女生，也并不贪慕虚荣，没有轻易接受。

由于他一厢情愿地认为，对方太适合自己，害怕没把握好就会遗憾终生。

而他越想表现自己，结果却越容易搞砸。在互动过程中，他慢慢不自觉地以低姿态讨好女孩，这反而引起女生的拒绝心理。

女生越拒绝，男生就越急于想得到。渐渐地，他已陷入进退两难的境地：主动示好，担心对方嫌烦；不主动，他又担心关系会慢慢冷淡。

这是我碰到的众多有钱却不一定自信的真实例子之一。

我的助理曾接待了一个咨询者。

这位朋友老被其他人说气场太弱、不够男人。

据对方反馈，小时候他的家里条件不好，一直处于资源比较匮乏的状况，再加上成长过程中遭受过诸多负面影响和打击，整个人一直都比较自卑。

后来在一个三线城市工作，虽然通过自己的努力，做到管理职位，月收入过万，且已婚。但他内心始终有个声音在告诉自己：你是个很没底气的人、外强中干。虽然经济条件已经改善，但始终觉得自己还是很缺钱。

你如果也和这位“努力男”一样，没有解决自卑根源，即使因为努力或运气，改善了外在的经济条件，你依然会感到不自信。

再说一个我自己的故事。

以前有段时间，因为进行连续创业都波折不断，亏了很多钱，而每天又要花很多钱，原来积累的资金在一天天消耗。

最后账户上只剩下不到3万块，当时在上海的生活成本，每个月最少也要5000块。

当时，我最大的状况，就是焦虑，担心如果做不好，把钱都亏完，会如何如何。总之，当人处于焦虑情绪而无法排解时，时间一长就会影响你的精神、睡眠、工作效率，降低幸福指数。如果想不开，就容易形成抑郁症。

幸运的是，我之前已经掌握核心自信的理念。而这种焦虑只是让我感到难受，却没有打击我的自信心。

因为我清醒地知道，人的自信并不完全来自于外在，不来自于钱，而是根植于你的内心。

我的处理方式是：创业不成功，就要找到问题根源，从而解决它。

我不会让不成功的事情、引发焦虑的事情来影响自己的内心。同时通过积极地排解焦虑，让自己放松。

我最常用也最有效的放松方法，就是跑步、到公园河边散步、做一些自己喜欢又轻松的事情。

运动可有效排解因为焦虑而产生的压力激素。做轻松的、喜欢的事情，可以让大脑产生多巴胺。

当然要想彻底消除焦虑感，还是要解决赚钱问题。

最后，我发现，要想创业成功，除了能力要够，还有就是要天时地利人和都具备，这样一切就会顺其自然。

没钱当然会影响你的情绪，但有钱并不一定会让你自信。

通过这几个小故事，我想说，把有钱等同于自信的人，你即使赚到钱，也不是就真正的自信，而是“条件自信”。真正的自信，是拥有核心自信。

我对自信状态进行了研究，形成了自己的一套看法。我称之为“迎刃自信状态金字塔理论”。

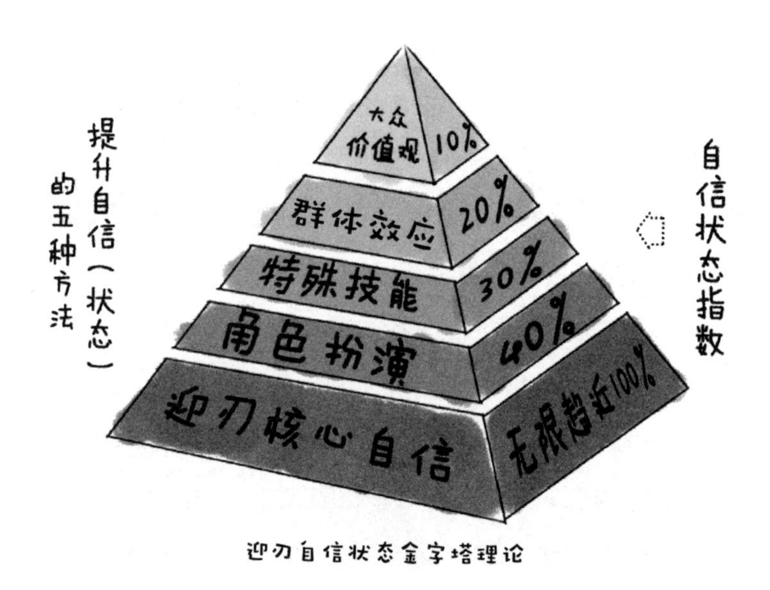

迎刃自信状态金字塔理论

“迎刃自信状态金字塔理论”简称“自信金字塔”，它用金字塔层级与数字形式，视觉化地显示了采用不同的提升自信的方式，对自信的状态会产生多少的改变。大众价值观、群体效应、特殊技能、角色扮演都属于“条件自信”，需要具备一定的前提才能变得自信，并且自信不持久。

这就好比，你每次必须按一下开关，你才自信；如果你没办法按开关，那你就没自信。

如果你坚信有钱才自信，那假设，你幸运地赚到钱，并开始有“自信”；但如果突然有一天你又破产，那你的“自信”

是不是就又会消失？

你的自信如果只依附于外在的金钱之上，会非常脆弱。人真正的自信来自于内心的强大。这种自信，不是传统意义上的“鸡血鸡汤”的唯心自信，而是基于积极正面的自信思维，同时加上大量客观成功经验的积累综合而成的核心自信。

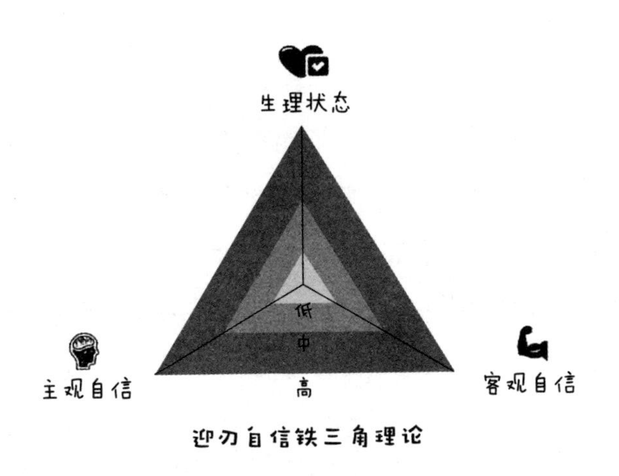

迎刃自信铁三角理论

迎刃自信铁三角理论包括生理状态、主观自信、客观自信三个维度。

“生理状态”直接决定你是否有足够的能量应对沟通、社交。焦虑情绪、精神萎靡。如果没有足够能量，你容易在面对困难时自动投降。

“主观自信”即积极正面的自信思维。这种自信能改变你的思维认知，扭转你以往的错误思维，例如自我否定、过分在意他人看法、患得患失等。

“客观自信”是指通过实践行动积累成功经验，它可以反哺“主观自信”。

这三个维度都会影响你的自信程度。三个维度的高低、形成的面积大小，决定你整体自信程度的高低。

很多人认为有钱就自信，其实只是部分满足“积累成功经验”，即客观自信维度。如果你只解决了这方面的问题，那在某种程度上就还只是前面说的“条件自信”。

核心自信的好处就在于，当它不断地修炼积累后，你的自我评价和自我认可都在增强，你的自信心不容易再受到外界的影响，也不再容易遭受别人的打击，你会变得更自信。

你有钱，可能就会想要更有钱，想要更多认同、更多权力。人的欲望是无穷的。收入增加到超过一定的温饱线后，幸福指数不再会随着收入的增高而大幅度增高。

自信也一样。你能多赚钱，说明你有更好的生存手段。但如果你没有去修炼你的内心，不懂如何应对比你强势的人、你喜欢的人、对你有恶意的人，那你的内心依然不堪一击。

“金融男”，各种物质条件再好，也都是身外物；而内心的强大，却是别人抢不走的。

“努力男”，因自卑思维形成了消极想法，而这个想法和现实明显不大一样。他夸大了事情变坏的可能性，对自己的能力没有信心，或低估自身能力。这些不理性、负面、扭曲现实的想法，在心理学上称之为“认知扭曲”。如果他不改变这种思维模式，他赚再多钱，还是不自信。

所以，我想说的是，有钱就不自卑了？别天真了！

想要真正的核心自信，请在赚钱的同时，提升你的自信思维。答应我，请别再被“金钱自信论”所迷惑，内外兼修，才能让你内心强大。

滚蛋吧，玻璃心

因“玻璃心”造成的负面情绪波动，其根源不在于事情本身，而在于你对事情的看法。

在我们的成长经历中到底发生过什么，才导致我们变得“玻璃心”？

玻璃心的人一般都比较敏感、很脆弱，易被人影响，也时常不够自信。别人对他开玩笑或表示不满时，他容易纠结与焦虑。

与人当面沟通或网络沟通时，会羁绊很久，不知该如何说，担心对方误解，并且还会胡乱揣摩对方言行，生怕自己得罪对方。

当别人说到自己在意的事情时，情绪容易跌宕起伏，结果要么是逃避，直接岔开话题，要么就是生气（是否会表现出来也看各人性格）。

和别人聊天讨论的时候，觉得某件事某回话“梗”到自己，但为面子上过得去，还是会迎合大家，给自己心里添堵。

种种的玻璃心表现，让这些朋友在生活、工作中非常苦恼。

虽然大家也知道玻璃心态很容易影响自己的言行，影响人际关系，影响感情，但就是想压抑也压不住，无法逃脱精神上的折磨。要想控制这样的心态，要像大禹治水一样，只能疏不能堵。

玻璃心是怎么产生的?

这里引用一则鸡汤小故事。一天，老和尚带着小和尚下山去化斋，走到一条河边，看见一个女子因为无法过河而在哭泣。这个老和尚就走过去说："我背你过河吧！"然后这个老和尚就把这位女子背过了河。小和尚惊呆了，但也不敢问。他们师徒两人又走了二十多里路，小和尚实在忍不住就问了师父："我们是和尚，怎么可以背那个女子？"师父说："你看，我只把她背过了河就放下了，可你却背了二十多里路，还没有放下。"

玻璃心的朋友就像这位小和尚一样，迟迟放不下已经过去的事情。事情本身不伤害人，而你的想法会伤害你。小和尚就被自己的固有观念所影响，惴惴不安。

若是一般人对自己开玩笑、否定、甚至打压，都可以一笑了之；而同样的话若出自亲近的人之口，心里就变得不舒服，更在乎亲近的人对自己的看法。这说明造成心理情绪波动的不是事情本身，而是你对事情的看法。

心理学家埃利斯曾提出情绪 ABC 理论。该理论认为激发事件 A（Activating event）只是引发情绪和行为后果 C（Consequence）的间接原因，而引起 C 的直接原因则是个体对激发事件 A 的认知和评价而产生的信念 B（Belief）。也就是说，人的消极情绪和行为障碍结果（C），不是由于某一激发事件（A）直接引发的，而是由于经受这一事件的个体对它不正确的认知和评价所产生的错误信念（B）所直接引起的。错误信念也称为非理性信念。

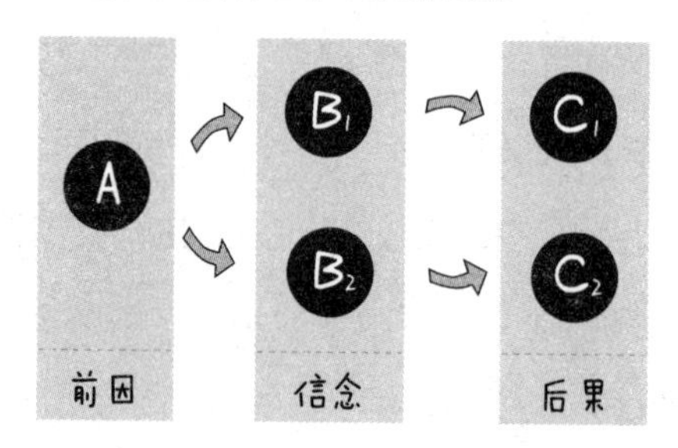

从事情的起因A，到结果C，中间有一座桥梁B。B就是你对事情本身的预期评价或思维模式。由于不同的人有不同的思维方式、性格、境遇、自信状态等，所以才会对同一件事有不同的观点。

比如有人在你背后推一下，由于你经常被欺负，你会本能地以为又有人在欺负你。而如果你是一个人缘极好的社交达人，你会下意识地想，是不是有朋友在大街上认出你了。

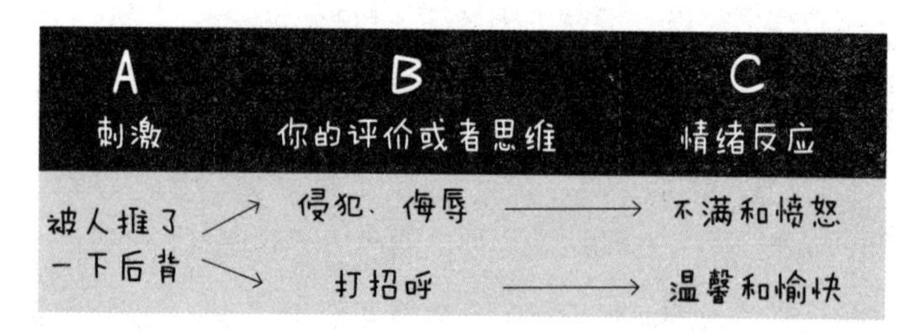

正是由于我们常有的一些不合理的信念，我们才会产生情绪困扰。如果这些不合理的信念日积月累，还会引起情绪障碍，渐渐变成所谓的玻璃心。同时，这些负面情绪也会影响到自身的自信状态。

真正内心强大的人，不会过分依赖于外在的条件自信，不容易受外界评价的影响。玻璃心就是一种容易受到外界评价影响的结果。

这个问题怎么解决？

要想改变不合理的信念、情绪困扰，要做的不是改变事件，而是应该先改变认知。通过改变认知，进而改变情绪。只有改变不合理信念，才能消除或减轻玻璃心。

所以你现在要改变的认知，就是与人相处时的自信心态、社交态度。你需要先明白一点，你无法做到让所有人都喜欢你，就算是“喜剧之王”周星驰也会有人“黑”。但你可以让喜欢你的人更喜欢你；不喜欢你的人，就请他们自便。

你无法不让别人对你做评价。有句俗话说得好：谁人面前不说人，谁人背后不被说？这是人性，你无法改变。你能改变的是别人对你做评价时，你对自己的看法。

如果你的确有缺点被别人说到，那就接纳这一点。

自我接纳是人对自身现状的一种积极的态度。不以物喜，不以己悲。现在很多明星被“黑”后，化被动为主动，开始自嘲自黑（当然这也是一种公关策略），大家可以借鉴。

比如上 TED 演讲的袁珊珊，一开场就自称自己 365 天被一群素未谋面的陌生人谩骂，只因她出演的角色未达到观众们的预期；甚至有网友发起“袁姗姗滚出娱乐圈”的活动，说她长相不出众却是绝对的女一号，演什么毁什么。

这要是放在阮玲玉身上，那得自杀十几回。袁珊珊不是阮玲玉，而是善于自黑自嘲。她在微博上传过一组“滚”的动作照片，并幽默地称：“今天又是各种求滚，谁小时候没滚过？重温儿时游戏，下面开始。第一套广播体操：翻滚吧，小袁！”袁姗姗在地上尽情地做出一系列翻滚的动作，由此开始，她的公众形象开始改观。这样的自黑自嘲，可以幽默、有效地化解绝大部分的恶意攻击或评价。

不过要想做到这点，首先还是得有颗强大的内心。其次，日常可以多看、多模仿一些幽默大师的段子语录来增加幽默感。如果你是个很严肃或是缺乏幽默感的人，很难使用出这样的“高端招式”。

自信和幽默感的提升是需要训练和时间积累的，切不可急于求成。如果你今天能从本文获得收获，能先从思维上扭转错误的观念，那你离消除玻璃心已经不远了。

请给自己多一些信心，请跟我念：滚蛋吧，玻璃心。

患得患失，容易焦虑怎么办？

要想减少得失心，减少患得患失感，需要先了解得失心是如何在大脑里工作的。

知道原理，然后扭转错误思维方式和行为模式，并且进行一些实际操作，才能在一定程度上降低得失心。

从我的实际训练和体验中感觉到，人是情感的动物，只要你有情感波动，就无法 100% 地去掉得失心，但至少可以帮助你减少到很低的程度，至少能帮助你比其他人心态更好。

人为什么有时候会得失心重，患得患失？

而且这种感觉让人百爪挠心、纠结无比。此心态会不会直接影响人的行为模式？

我先说说我的切身体验。我有一次打德州扑克大输，当时的感受是我觉得我好像心态失衡，但又好像刻意控制，所以没有在情绪上表现出来。

我相信很多打过德州扑克的朋友都有过类似体会（或者其他竞技性运动，比如其他“博弈类”扑克牌游戏、麻将，或者是一般的运动，比如羽毛球、乒乓球、网球等），因为一些 BAD BEAT（德州扑克术语，意指一手好牌被别人在关键时刻以一张运气牌打败）或是自己的策略失误，或是太轻敌等原因，情绪心态受到影响，并且会影响整个游戏的后面阶段，最后输得一塌糊涂。

于是想起朋友给我推荐的一本书——《网球的内心游戏》，并告诉我此书对竞技性的心态提升有非常大的帮助。

我花费两天时间看完，并针对重要内容反复揣摩，刹那间有种顿悟之感。有时候一本好书在你身边时，你没光顾它，只是时机未到；一旦在恰当的时机阅读，会比你平常随便翻翻或惯例性地捡书来看获得的价值和感悟要多很多。《网球的内心游戏》就是这样一本好书。

在后来的无数次德州扑克游戏中，我自然而然地运用书中介绍的方法，竟然发现的确有很大不同。不同的地方就在于，无论是我暂时落后还是赢很多，我都能保持一个平常心态，不会像以前那么容易情绪波动，内心有种说不出的平静。

这让我又有一种“世人皆醉，唯我独醒”的感觉，尤其是看到有人被BAD BEAT就变得非常愤怒，甚至要掀桌子，我心中就会窃喜。他们做不到“放下成败得失，全心享受过程”，就永远只有输的份儿。高手更在乎的是自己是否做出正确的判断和最优化的决策，而运气不能自己控制。高手不会把坏情绪带到下一把牌里。

那本书里提到一个概念，每个参与竞技的人的心里都有两个“我”，一个“我”是发出指令的，称为“我 1”；另一个“我”是执行指令的，称为“我 2”。然后给出指令的“我1”还会给这次执行指令的“我 2”做出评价。

如果“我 1”不断给“我 2”做评价，“我 2”就会受到影响，就会容易失误，并且影响后面的发挥，陷入恶性循环。这种心态在网球、足球、篮球以及任何涉及与对手竞争的项目中，都普遍存在。

那知道原理后，如何降低得失心?

第一步，先将自我评价抛开，即对自己做的事情、操作、结果等不做任何的判断，无论是好的，还是坏的。

这样才能使自我意识和身体感觉（即我 1 和我 2）和睦相处。只有“我 1”停止对“我 2”及其行为进行评价，“我 2”才会不受过多的影响，正常发挥本应该有的实力。

第二步，将你想要的结果视觉化、形象化。

不要使用命令。邀请“我 2”用执行期望方式来达到预期的结果。把你想要的结果用想象的方式呈现给自己（我 2）。

第三步，让它自然发生，相信“我 2”。

邀请你的身体来做一个行为，让它自由地做。身体是被信任的，不需要头脑有意识的控制。

比如我已经打过几万手牌（德州扑克的局数），绝大部分的牌型、出牌的顺序、各种类型选手等，都积累到了一定量的“数据库”。大脑是有记忆的，相信“我 2”有成功、失败的经验积累，所以再遇到类似情景时，“我 2”会顺其自然地做出相应最优化的操作。

第四步，不做评判，冷静地观察结果、观察过程，直到

行为成为自然习惯。

刚开始刻意让自己不做判断，但还是不自觉地会做判断。但时间一长，这种不做评价任其自由发挥的感觉体验过很多次后，你就会感受到那种平常心带来的好处，你就会慢慢习惯成自然，在实践中体验到心态平和所带来的愉悦感与优越感。

简言之，请大家在每次要遇到挑战或不对称性信息的博弈竞技时，对自己内心默念这句心法口诀：放下成败得失，全心享受过程。这句话的含义就是，先不要过于计较结果，先享受过程，先放下未来不确定的可能，先做你能做的事情。

有时候事情就是这么奇妙，越不考虑结果，结果反而对你越有利。原因就是，当你本身就具备一定实力、经验，足以应付此事时，心态越放松，你的实力、经验就越容易得到发挥，甚至是超水平发挥，那好的结果就是自然而然的了。

就像很多足球或网球运动员，他们平常的训练和比赛已经使他们的技艺非常娴熟。在赶上重要比赛时，心态的好坏就决定他们是否能在面对强敌时，不会慌张，不会发挥失常。

有意思的是，当我反过来告诉我朋友说这本书实在太棒了，使我的心态至少提升了好几个档次时，他们的反应是，这当然是本好书，不过好像没你说得那么夸张。这可能是由于每个人的感悟深度和理解程度不同，也或者是由于我在遇到具体困难时，碰巧它给我指出了光明的方向，让我走出困境，所以印象更深刻。

得失心的原因、道理、解决方法就是这些。

你现在还纠结么！？你现在感觉好点了么？！

如何摆脱童年阴影造成的不自信？

你现在的不自信，大多来自童年时期阴影的影响。

我曾在微信里做过一个小调查，请认为自己有童年阴影的朋友给我发信息，我来帮助他们进行分析。有很多人觉得自己受到了童年成长经历的影响，以致随着年纪的增长，由原来的开朗自信慢慢变得内向、自卑，进而影响自身人际关系处理的能力。

下面列出几种典型的童年阴影，简直就是童年阴影血泪史。

✧ 小时候成绩不好，经常被父母打骂。在学校经常被同学欺负，说话结巴，容易招致嘲笑，导致长大很没有安全感。

✧ 童年时经常被父母关在家里，不让外出。于是我就哭，邻居家的孩子跑来找我玩，但会被邻居家长告状，然后父母就会打我，造成的结果就是一直不敢说话，很内向。后来自己努力改变了一些。现在不敢在人多的场合讲话，一直没有自信，很怕事，害怕气场强的人。

✧ 从小就没有父亲，学校同学又欺负我。在双重影响下，我的童年变得非常自卑。

✧ 上小学时被老师打过几次，学习也不好，从此性格变得内向、孤僻、自卑，不怎么爱与人交流，导致现在谈恋爱、社交也出现很多障碍。

✧ 小时候经常被父亲骂，感觉很害怕他，总以为他不爱我，所以每次放假回去都希望他不在家。另外每次主动跟他说话的时候，他都沉默，不回应我，弄得现在我都不敢主动跟人聊天，不敢主动问别人问题，害怕别人不回应自己。

✧ 小时候爸爸太严厉，学习不好就叫我“笨蛋”，打牌输了就发脾气或者打我。害怕别人不喜欢我，也会不自信，怕别人背后说我不好。

✧ 别人家的孩子总是比你学习好、听话、孝顺、长得好，总之别人家的孩子就是好，你就是不行，不断地否定，缺乏正面积极的鼓励。

✧ 初中时期开始暗恋一个女孩，直到上大学，最后无果。这也是一个对异性的阴影。面对不喜欢的人时会无所谓，表现得比较正常；面对喜欢的人时却不能正常表达，很木讷。

还有很多各种各样阴影……

总结上述情况，造成这些阴影的原因主要是父母、老师管教严厉，甚至打骂；父母不和、吵架离异，缺乏关爱；受到同学、他人欺负；生理缺陷（例如青春痘、口才、身高、长相等）造成的自卑；年纪轻时，情窦初开，最终未成功，造成恋爱上的不自信状况。这些心理与生理上的双重伤害是形成阴影的直接原因。

这些情况挺符合精神分析大师弗洛伊德的“童年阴影”理论。该理论认为人的创伤经历，特别是童年的创伤经历对人的一生都有重要影响。

布鲁斯·韦恩在童年时掉入枯井，被蝙蝠吓到，失去安全感。之后亲眼目睹双亲被杀。这样的阴影使他产生为父母报仇的信念，差点被忍者大师利诱走向邪恶复仇组织的深渊。幸好遇到女主角积极引导，才走出阴影，成为后来伸张正义的蝙蝠侠。

我就记得我上幼儿园的时候，由于父母忙于上班，无法带我，又担心我出去玩会出事，周末两天就把我反锁在家里。我家住 6 楼，我只能自己看电视、看小人书、乱涂乱画消磨时间，无法和邻居的小朋友玩。这种情况印象中持续了大半年。这段时期感觉非常的孤独，所以印象深刻，到现在还记得，也为我性格变得内向埋下了一颗种子。

人的意识和潜意识，类似于在海上漂浮的冰山。意识部分相当于冰山露出海平面上的一角，自由漂浮的冰山约有 90% 体积沉在海水表面下，相当于人的潜意识。

根据浮在海面上的冰山样貌，无法猜出海平面以下部分的形状。这也是为何用“冰山一角”来形容严重的问题只显露出表面的一小部分的原因。潜意识虽不为人知，但很多时候在不知不觉地支配着人的行为。而这些创伤，因为人的自我保护机制，大多被压抑到潜意识区域。

我们长大后，这些伤害经历虽然离我们远去，感觉它已经不存在，但一不小心被某事触动，它还会跳出来，让你痛不欲生，甚至情绪失控、行为失控。

常见的情况就是直接影响一个人的自信心态，遇事遇人都容易患得患失。有部分人会由活泼（小时候，受创伤前）变得内向、不爱说话。这一点产生的后果是直接影响你的社交、沟通、恋爱等人际交往问题。

也有一部分朋友意识到这个问题对自己影响很大，也尝试过一些方法，比如看一些心理书籍、学习成功学等，然后对自己进行心理暗示。不过这些都只能治标不能治本，都只能是鼓舞振奋持续一段时间，之后又变回原形，又变回和以前一样容易焦虑、患得患失、不自信的状态。

如何从童年阴影的影响中走出来?

走出阴影的过程，就是重建自信的过程。去做没自信的事情，做成功，你的自信就会慢慢增加。

越害怕什么就越需要做什么。

害怕当众说话，就找训练口才的活动去训练自己。害怕社交，就拉上小伙伴一起去做自己感兴趣的活动。物以类聚，人以群分。找到同好，你就更容易融入新环境，认识新朋友。越害怕异性不喜欢你，那就越需要认识更多的异性，因为你无法让你喜欢的人都喜欢你，你只能让喜欢你的人喜欢你。

不断地积累成功经验。

当你去做害怕的事情时，一旦体验过成功，有过收获，而且是此前从来没做到过的，你的大脑会告诉你，你是可以的，参考前面提到的“奖赏机制”。

假设你每天都能明显感觉到自己在进步、在成长、在获得奖赏激励，总会有及时的反馈信息，你的信心就会逐步增强。这个，其实就多巴胺产生的结果，是人类所有内在动力的根本来源。人性追求快乐，逃避痛苦。人所喜欢做的任何事情，无论是吃美食、穿新衣、住大房子、开好车子，都是通过奖赏机制来让人感到愉悦。

以上是从客观角度去构建自信的方式。人在主观上进行自我暗示、改变思维方式的同时，也需要通过大量的实际行动，进行经验的累积。这些客观的结果都会增加你的实力，会反过来促进主观上的思维变化。

在我的理念体系里，一个人真正变得内心强大需要拥有核心自信。核心自信包括客观自信与主观自信，两者互相影响。核心自信是不过分依赖于外在条件的自信，不容易受到外界的影响。

所以，现在你需要一套新的自信思维模式，来替换你从童年到现在的固有的自卑思维模式。

提醒一下，大家不要指望看完本文，你就能马上摆脱影响你十几年，甚至是二三十年的童年阴影。自信提升是一个长期过程，任重而道远，需要学习正确的方法与辅导，需要知行合一和循序渐进，切忌急于求成与浅尝辄止。

走出阴影，扭转自信，只需一点点勇气，请从今天开始。

这三点，让你不再过分在意他人看法

据我自己的不完全统计，不自信的朋友，最常见的负面消极思维，是过分在意他人看法。

最近我的一个学员咨询，在学习我的课程后，已经可以适当放得开。

他说，某次聚会上，自己和朋友聊得很开心。正放得开之时，却被一旁的女生误解道：你们是不是《爱情公寓》里提到的“泡妞僚机”呀？感觉被误解，很不爽，是不是放得太开也不好？

我回答说：这种情况需要注意三点。

第一，所谓社交场合的“放得开”，就是自然、大方、好单纯，毫不做作……其实没那么夸张。

放得开就是从容不迫，略带点兴奋、开心，就像在家里一样放松。

在不影响其他人的情况下，你在家里肆意吃喝玩乐的时候，难道会在意邻居对你说三道四？

但如果你太吵太闹，影响邻居，他们自然会有意见。

放得开也是一样，可以很开心，但不要过分兴奋得大吵大闹就行。

但我估计他的问题不是放得太开的问题，而是下面这一点。

第二，过分在意别人的看法的原因分析。

从对方的反应来看，我感觉对方只是做了一个“中性”的评价，没有任何的褒贬，只是她的一个脱口而出。但由于你可能在意别人说你是“泡妞”，所以会把别人的言行过分解读为对自己不利的内容。

其实别人的评价可能只是中性，你以积极的态度来应对就会换来积极的回应。

学员还说：自己有阴影，有次一帮人出去玩，有个女生对我说不要顾及，放开自己，大声笑。于是我就大笑，但对面三个女生就有点嘲笑的意思，对我指指点点，我觉得很尴尬。

这又是把一个可能是“中性”的行为或话语，解读为对自己的负面信息的例子。

从描述来看对方，可能真的觉得你的行为很幽默搞笑，自然笑出声，不一定是嘲笑。

人有两个评价系统，一个是自我评价，一个是他人评价。

由于很多不自信的朋友在成长过程中，受到过不同程度的打击和负面影响，所以对自己的评价系统比较弱，就过度依赖他人的评价反馈。

一旦对方对你的评价或言行稍微是负面的，你就容易感到不适，渐渐地你也会变得敏感多疑。

在这里普及几个相关概念：

1）心声；

2）现实情况；

3）负面情绪。

心声就是你大脑中的一个声音，是你自己对自己说的话。

心声是在你要做决策时，心中自动浮现的一种类似于对另一个自己做出的评论。有时候会鼓励你，有时候会否定你。当你处于心智不稳时，就容易感觉到“脑子很乱”。

不自信的朋友，心声就容易对自己做负面评价。

但内心的负面评价和现实情况并不一定相符。

比如前面的例子，女生“笑”这个男生，也许对方并不是嘲笑，而就是觉得好笑，或者只是有一点点嘲笑。但自卑的人就容易把非常小的负面信息给放大或者把不是负面的信息解读成负面信息。

所以，很多时候，心声和现实是截然相反的，你的心声只是你内心中的另一个你对这件事情所做出的负面评价。

负面情绪，是你的心声做出负面评价后，你的身体产生的一种应激反应。

当人处于负面情绪时，就容易感到焦虑。如果人长期处于这样的焦虑状态，就容易形成条件反射，思维就会越来越消极，越来越在意别人的看法。

第三，如何化解在意他人看法这个问题?

以第一个例子为例。

你完全可以借力打力，把对方的话进行夸大或故意曲解对方意思，以达到幽默的效果。当人和气氛都变得开心，就不会感到尴尬。

你可以这样说：对呀，我们就是专门学《爱情公寓》的，我扮演 ×××，我朋友扮演 ×××，你要不要来扮演 ×××？

用角色扮演的方式，把大家都套进去，他说你像谁，那你也说对方像谁；即使对方不像，也可以硬扯，反正是开玩笑。

其实像你刚才说的，对方问你：是不是《爱情公寓》里的“僚机”，你完全可以避实就虚，以打太极的方式打回给她。

当你用正面积极的思维去应对，事情就会朝积极的方向发展。

如果你当成负面信息来看待，你就会变得消极。

第二个例子。这些女生一起笑你，你也依然可以用幽默的方式回应，来化解尴尬。

我可能会说：你们笑这么开心，你们难道不知道，笑我是要收钱的，一个人 100 元，但怕你们给不起，可以请我吃饭代替。

我是随便扯的，不要生搬硬套，要根据现场环境氛围灵活应对。当然这个是要经过大量的社交训练，才会形成的条件反射。

过分在意他人看法，是一种因为自卑而产生的自动化消极思维，你可能暂时无法控制。

你看完本文，并不能马上就解决掉这个问题。知易行难，消除消极思维还需要配合实践与训练。

但是，当你开始思考并了解了这个消极思维背后的原理，当你知道问题根源的一瞬间，你所产生的焦虑也会降低很多。

因为抽象的负面思维，变成了具体的问题。而问题是有解决办法的，这是你开始改变的第一步。

过分在意他人看法，不可怕；可怕的是，你放弃“治疗”。

过分善良就是懦弱的代名词

近日接到一些咨询者的反馈，他们日常生活中由于不自信，容易不自觉地表现出一种“弱者姿态”或形象；由于自己的过分善良和退让，容易遭到他人欺负。

你日常的“弱者姿态”，让对方觉得你是个好欺负的对象，方便时拿你取乐，老拿你开玩笑；你发表意见容易被对方打断，经常被使唤，被普遍认为是老好人、老实人；等等。

就像我们每次说到某个国家，就容易产生下意识的认知偏差：什么挤火车、“开挂”、吃咖喱、脏乱差、到处是强奸犯。大家对这个国家的印象是觉得它的综合国力没有我们强，好欺负。但如果换成欧美等国家，印象标签就立刻变成另一番景象。

人一旦处于不自信的状态，就容易趋于保守、胆小怕事。这也是基因在保护你，避免你在不自信的情况下还去做一些危险的事情。

善良是不是美德？美国心理学家莱斯·巴巴内尔有新解释：善良的人害怕敌意，用不拒绝来获得他人的认可。

很多人是性格脾气比较好，或者叫作不容易记仇，说得好听点就是——善良。只要对方不太过分，是无所谓的，是不会去计较的。就是因为性格脾气好，会给人感觉好相处，但也会让人感觉是老好人。遇到冲突，出于“多一事不如少一事”的想法，就没有反抗，做出退让。但没想到对方会变本加厉，对方心情好就逗你玩，心情不好就拿你出气。

初入宫时的甄嬛温婉善良、天真、至情至性，但后宫的权力争斗不会因为她的与世无争就与她绝缘。后来甄嬛遭受诸多打击之后变得心灰意冷，也慢慢学会如何保护自己，面对敌手也变得心狠手辣，最后权倾朝野。当然我不是要大家变得如此极端，但学会保护自己是必要的，不要让你的善良变成懦弱就好。

人善被人欺，马善被人骑。

有部分朋友很害怕处理这种矛盾关系，也真的从来没有害人之心。要是与别人发生矛盾，心情会容易受影响。所以，害怕矛盾冲突的性格，会让这样的朋友选择委曲求全的策略，希望矛盾不要升级，息事宁人。

还有部分朋友被开玩笑，又不懂得如何反击，感觉被羞辱，一天心情都不好。想幽默反击，口才又达不到；想直接来硬的，又让别人觉得很难听，让他们觉得你开不起玩笑，很矛盾、苦恼。

欺凌者，就是喜欢专门欺负比自己弱小的群体。他们曾经也胆小懦弱，经常被欺负，有过屈辱的经历，最终积压很多不满情绪。当发现有比自己还懦弱、更好欺负的人时，他们就会本能地把这些积压已久的情绪施加在无辜的人身上。

以上的情况也符合心理学上的一种“踢猫效应”，是指对弱于自己或者等级低于自己的对象发泄不满情绪，从而产生的连锁反应。

一位父亲在公司受到老板的批评，回到家就把在沙发上跳来跳去的孩子臭骂一顿。孩子心里窝火，狠狠去踹身边打滚的猫。猫逃到街上，正好一辆卡车开过来。司机赶紧避让，却把路边的老板撞伤。

这个循环段子说明人的不满情绪和糟糕心情，会沿着社会关系链条进行传递。就像金字塔一样，从顶层一直扩散到最底层，底层受害者最终也会影响金字塔的根基，形成一个死循环。

欺凌者还有如下几种心态。

✧ 认可弱肉强食的森林生存法则。强权是一种普遍的社会现象，你越凶就越不会被人欺负。表现很强势、不考虑别人感受的人，反而挺占优势。比如，插队者被别人指出，不但不羞愧，还恶语相向，自认为有理，用强势态度压迫对方屈服，而其他排队者大多数时候都是沉默的大多数的老实人。

✧ 对暴力强权的认知偏差。拥有暴力强权说明比别人强，被欺负就一定要打回去，绝不能被人骑在头上。暴力是最简单、直接、有效解决问题的手段，讲道理浪费时间。

✧ 通过暴力强权容易掌控他人，使弱者顺从，甚至尊重自己，最终让弱者受自己摆布。

怎么做才能更好地应对这样的情况？

欺凌者也是欺软怕硬的主。要想治本解决这个问题，你要做的就是由弱者变成强者，让对方忌惮你的实力，从而不敢造次。人应该要有点脾气，过分的善良会让你丢失自己的尊严，过分善良和忍让是一种“取悦病”。你要想不再被欺负，就需要调整自己的自信状态和实力。让对方知道，你不害怕他，你若被他欺负，他是不会有好果子吃的。一旦形成这样的态势，对方自然不敢招惹你。

欺负你的人也分两种情况，一种是偏玩笑戏耍居多，另一种是真欺负。

第一种情况，其实相对好应付，更多是身边朋友的一种玩笑而已，只是由于你嘴笨，不懂如何反唇相讥，不会用一些类似的话作为反击的武器，从而化解掉你被“攻击”的困境。学习和提升自己的幽默感和语言反击能力是很有必要的。

请参考周星驰的电影《九品芝麻官》。周星驰饰演的角色一开始也是只会吃哑巴亏，有苦说不出，无力申辩。他以为可以通过某个秘籍变强大，但造化弄人，秘籍被毁，他的精神严重受挫，变成白痴。直到后来机缘巧合，受到两个青楼老鸨嘴炮大战的启发，开始暗暗学习老鸨的嘴炮大法，猛练口才，最后变得伶牙俐齿，得到美好的大团圆结局。

虽然剧情很夸张，但苦练口才确是唯一解决办法。至于怎么练口才，不在本文的讨论范围，大家可以自行搜索。

如果是第二种情况，对方是有意针对你，要么远离他，要么就要坚决捍卫自己的尊严，和他“死磕”到底。

你容易被欺负，原因除了你的性格外，还有一点是没有想清楚自己的底线是什么。你无数次地被别人践踏过尊严时，没有反击，没有表明你“神圣领土不可侵犯”的态度，别人就会觉得你的底线很低，都会这样欺负你，你还没有什么意见。你的底线越低，就会被欺负。

正所谓“弱国无外交”。不过反击也是需要一些实力的，这背后是自信、前面提到的口才以及自身专业能力（别人质疑你能力时）的体现。“你弱你有理”的逻辑遇到强势者时，就只有碰壁，狮子是不会在意绵羊的感受的。

你的口才反击能力是直接与对方短兵相接的，即使你没硬实力，嘴上功夫过得去，至少在气势上你不会输。你如能通过幽默和高情商的方式来应对对方的攻击，则可以实现四两拨千斤的效果。这样不用太伤和气，又可以挽回你的颜面。

如不会外交辞令式的机智辩才，采用鱼死网破的死命抵抗，虽然不一定输，但关系可能就僵化，甚至“结下梁子”。如果你们是抬头不见低头见的室友、同学、同事，往后就不好相处了。提升自己的幽默感和情商是处理这类问题的最好武器。

最后分享两则黄渤临场应对的例子，大家可以体会一下。

其一，黄渤被某媒体采访时被问到一个挑战性的问题——“是否能取代葛优？”

黄渤的回答展现出他的超高情商。黄渤人生阅历丰富，怎么可能不知道记者在下套，于是采用四两拨千斤的妙句给予化解。他说：“这个时代不会阻止你自己闪耀，但你也覆盖不了任何人的光辉。我们只是继续前行的一些晚辈，不敢造次。”

其二，第50届金马奖颁奖典礼，黄渤和郑裕玲一起做颁奖嘉宾。当时郑裕玲就先奚落黄渤的衣服很随便、不庄重，黄渤回复："金马奖我老来，回家嘛，当然穿睡衣了。"

蔡康永还语带讽刺地说："金马奖不是我家吗？怎么成了你家？"

黄渤的回复实在淡定机智："我做人这么久了，只见过人骑马，还没见过马骑人。"

这句是黄渤在看到蔡康永走红地毯时肩上放着一只装饰马，借此"反唇相讥"。最终一向口才了得的蔡康永只能以"哈哈哈，拍电影嘛！"敷衍过去。在场的观众和明星们都乐不可支。

THREE

如何从“矮丑穷”变成一个受欢迎的人？

如果看过《全民情敌》就知道，主角是一个曾经受过情伤的“宅男”，后来通过努力改变自己，成为一个情感专家，专门教人如何约会、恋爱。他也在这个过程中找到了自己的真爱，当然中间有波折。虽然他的身份是情感专家，但他其实同时还是一个社交达人。社交能力、沟通能力都是可以通过后天训练习得的。只要方法对路并勤于实践，每个人都可以做到秒变社交达人。

你不善于社交的原因是什么？

看大家有没有以下状况：

✧ 熟人面前随便聊，陌生人面前就懵。

✧ 在社交场合遇到比自己优秀的人，就容易自惭形秽。

✧ 不愿或不敢当众发表自己的观点。

✧ 陌生场合、陌生人面前放不开。

✧ 在陌生社交场合，遇到异性不敢主动搭讪说话。

✧ 即使对方主动找你攀谈，你也无法聊起来。

✧ 在KTV，经常默默玩手机。

✧ 不喜欢面对面，更希望网络交流，如微信、QQ。

✧ 在高价值人士或领导面前，紧张、不敢表达。

✧ 在心仪异性面前，患得患失。

当然还有很多状况，但我相信大家已经“中枪”无数。

这些都是大家不善于社交的表现，但不是原因。真正的原因，有以下三点：

一是内向。

二是不善言辞。

三是“宅”、懒。

虽然内向的人不一定不善于社交；但不善于社交的人，一般都多少有些内向。

很多人因为一些原因变得内向，渐渐减少与人接触，社交、沟通能力慢慢退化，开始变得不善言辞，就像一把长久不用的菜刀会生锈一样。

而长期内向和不善言辞的人，同时又受到网络、游戏、影视等更容易沉迷的东西诱惑，觉得与其到外面社交那么累，不如就在家“宅”着。

我曾经听到好几个“粉丝”说：我就是懒呀，就是不想动，就只想躺在床上睡觉，怎么办？

那我问他：你尝试过去运动或看书吗？他说：没兴趣，不想动。

我就奇了怪了，你竟然能把“懒”说得如此名正言顺，好像你懒是应该的。你已经成年，还要别人给你喂饭吗？这样的你不就是一条咸鱼吗？

任何事情都会有个极限。当你“宅”得时间过长，打游戏多也会烦，因为你内心还是有社交的需求，有交男女朋友的愿望，是不是？

这里建议大家可以到网上做个社交沟通能力评测，以便更细致地了解自己的社交能力状况。

性格内向的人如何跨出关键一步？

有很多内向的朋友，虽然内向，但内心还是想认识新朋友，尤其是找男女朋友。

为了解决内向者不善于社交这个问题，我大胆地提出了一个概念（我搜索过，目前好像我是第一个这样提出的人）。——进击的内向者。内向者也可以变成社交达人，而且不违背内心，不是强迫自己。我特别要强调这点，就是怕一些“狭隘的人”误解我的意思。我绝对不逼任何内向者变成外向，而是先问你内心的真实想法。

你需要首先确认你到底是不是真内向。如果是你是假内向，那你的社交方式会有不同。

以前一个学员说他的一个朋友劝告他，如果他本身是内向的，喜欢独处，就不要强迫自己不断去社交，去和别人说话，让自己舒服就行。强迫自己变得外向，就是不认可内向的自己。反之，如果认可自己的内向，就会觉得没必要和别人刻意交往。《内向者优势》这本书也是这样说的。

而我的理念是，鼓励内向者大胆去社交，增加自己的人脉和异性资源。

他觉得互相矛盾，很困惑：到底该听谁的？

我来解释这个问题。

对于《内向者优势》一书提出的一些观点，我非常赞同。书中提到内向者和外向者有三个不同的特点。

一是对刺激的反应。内向者对外界的较小刺激有较大的反应，所以他们要尽量减少刺激，减少因此带来的能量消耗。外向者却相反，他们对刺激不敏感，总是主动寻找更多外界刺激，例如社交聚会。

二是精力的恢复。内向者好比充电电池，因为消耗很快，所以需要花很多时间独自静一静，静静地充电；外向者好比太阳能电池板，他们从与外界的接触中获取能量（社交、聊天等），能量消耗慢。

三是深度和广度。内向者喜欢深入地钻研问题；外向者喜欢广泛地了解事物，深度却不够。

但我也有一些不同的看法。

在《内向者优势》这本书里，提到了内向性格形成的原理，主要归因为遗传基因、生理激素、大脑神经等生理的天生因素。而我通过和超过5000人的咨询者接触发现，很多人的“内向”并不是天生的。

怎么知道自己是不是天生就内向？你可以做一个简单测试，问自己四个小问题：

① 请认真回忆一下，你年纪非常小的时候是外向还是内向（活泼或安静）？

② 你发自内心地问自己，你是否想交朋友？渴望与人接触交流吗？想认识更多异性吗（即使你尝试失败过）？

③ 你是否有迫切改变自己的意愿？

④ 你是否伴随自卑？是否心理素质较差，阻碍了你接触外界？

如果你第一个问题的答案是外向活泼后三个问题的答案中至少有一个“是”，那你很有可能是“假内向”。这个测试不是非常严谨，但能大体了解你内向的情况。很多人在成长过程中，个性被压抑。渐渐地，由原来天真活泼开朗被影响和改造成不爱说话、不敢表达自己的“内向”性格。这种内向其实是“假内向”。

回到开头那个学员朋友的困惑，我认为可以这样处理。

如果他天生就是内向的，并且没有改变的意愿，那按照《内向者优势》的理论来认知自己的优势，是完全没问题的。

但如果你根据前面的小测试，了解到自己并不是天生内向，那《内向者优势》里的逻辑就不太适用了。

《内向者优势》一书的作者并没有提出"假内向"的说法，因此一些看过这本书的人，在没有辩证思考的情况下，全盘接受了书中的观点，认为既然自己是内向的，那就老老实实完全接受内向者的行为模式来生活好了。

然而，很多人的内向其实都是在后天的成长环境中形成的是"假内向"。你如果有强烈的意愿想改变，想变得外向，或者说变得相对活泼一些，是可以通过外部环境和训练的方法来实现的。这样做并不违反本性，因为你天生其实就是活泼外向的性格。

那现在的问题是：如果你是假内向，你是否愿意一辈子做一个内向的人？

为什么不去改变？为什么要甘愿做一个无法活出真实而精彩的自己？

前面我说过自己改变的例子。

我从自卑、内向、不爱说话，变成现在不但自信、交际广泛、异性缘广，还能同时帮助更多的人改变。我相信你也可以。

如何在陌生场合放开自己，认识新朋友甚至是异性？

一般外向、能量气场强的人，在任何社交场合都能非常快地融入。你回忆一下身边是否有这样的朋友，或者是否看到过类似的人在聚会上如鱼得水，感染着周围的人，气氛非常活跃，大家都很开心？而你自己很想这样做，却发挥不出来？

如果你不是外向的人，如果你不是气场强的人，一般非常难做到这一点。这是一种内在的能量，你看不到，却可以感受到。

这不一定是缺乏聊天技巧的问题。如果你当时的状态很拘谨，即使你把学到的聊天技巧背得滚瓜烂熟，若你不把自己的精神气质扭转过来，结果也只能是有劲使用不出来，或是效果大打折扣。

下面我将要介绍的方法，无法让你马上从内向变得外向，无法让你马上气场变强，但却可以让你在短时间内通过调节“能量”来达到一种比较“嗨”的状态。

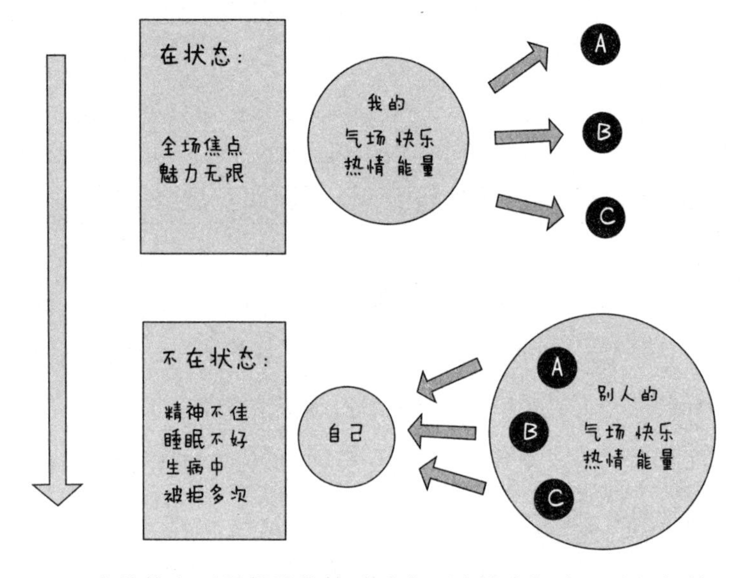

这种状态可以帮助你快速融入陌生社交场合。我已经体验过无数次，而且也教给了我的朋友和学员，屡试不爽。

说到“嗨”，大家或多或少都经历过：在开心的时候、聚会的时候、酒吧 KTV，或者是过年放鞭炮、出去旅游等的时候。

这种“嗨”其实是因为你某种程度上进入了“状态”。

从生理的角度说，是你体内通过外部的刺激产生了“肾上腺素”，它反过来又刺激你的大脑，让你进入一种“嗨”的非常规情绪之中。这时候你的精神是处于高度兴奋和高速运转的状态，此时的你会变得很“本能”，你的语言、行为都或多或少不由自主地听从本能的驱使。

比较常见的例子是，喝了点酒但又未醉的时候，处于兴奋状态，你会做一些你平常做不出的行为。

我这里指的“状态”在社交上可以狭义地理解为：你就是快乐的源泉，像某些广场的音乐喷泉一样，给路人和游客带来快乐。

而你如果不在状态，你就无法传递你的热情、能量给对方，也就是你需要向别人寻求快乐的时候。

这时你的状态就会表现为比较拘谨，不太能主动地融入聚会中，不太能主动地“嗨”下全场、不自信、放不开，有点闷，太静。

大家现在明白了有这种状态，那如何进入这种“嗨”的状态？

立竿见影的快速方法就是：

提前进行“热身”。

大家都知道在运动前需要做一些热身运动，用短时间低强度的活动，让将要活动的肌肉提前适应，来促进血液循环，提高身体温度以便逐渐适应即将到来的激烈运动，避免或减少不必要的运动伤害。

如果你不是个在社交场合能量十足的人，你也需要热身，让身体产生适量的激素。

进入社交场所前，可能还要走个5～10分钟的路程时，你可以一路慢慢小跑过去；如果活动场所是在比较高的楼层，你可以不坐电梯而选择走楼梯上去，或者先走几层再坐电梯都可以。有过类似经验的都会明白，你跑步或爬完楼梯后，身体会有点变热，情绪会比平静时高涨一些，你会感觉身体的血液循环加快，说明你已经热身了。

接着你就和一路上见到的陌生人打招呼，见人就说话，直到进入社交场合。你持续和10个以上的人打招呼，说什么都可以。如果对方没反应或不理你，就换人继续。基本连续和好几个人说过话，你就能进入状态。

这个方法需要你亲身去体验几次，才会有感觉。一旦你有过进入“状态”的经验，你就会发现，在现场你就会变成一个非常自信的人。

上面这个方法我称之为“迎刃自嗨”法。

下面再介绍三个长期增强能量的方法：

✧ 早睡早起。

✧ 适当运动健身。

✧ 多与能量高的人交往。

这三个方法看似简单，但就是有效。如果你长期精神萎靡不振、能量低，请实践 1 ～ 2 个星期，肯定会有改变。当然，若身体素质较差或有疾病在身，使用本方法效果可能不明显。

多用这几个方法进行实践，你会慢慢从一个相对内向的人变得外向一些、活泼一些，能量也比以前强。

当你习惯这种方式之后，你再到其他陌生的场合，就不会那么拘谨了。

如何应对脾气暴躁的自己和朋友？

你是一个脾气暴躁的人吗？

你身边是否有一个脾气暴躁的朋友总让你非常难受？

你会经常因为一些鸡毛蒜皮的小事而生气吗？

你朋友会经常因为一些无足轻重的小事而对你“发飙”吗？

发怒是人的常规情绪，和你会笑一样平常。但是如果你是习惯性地容易发怒，那就是脾气暴躁。

那愤怒的情绪是怎么产生的？

在生活工作中，人们会对某些行为或结果抱有美好预期，但如果结果是目的未达到、失去控制、未在预想范围内、遭受挫折失败，或者是遭受到侵犯、侮辱、轻视等负面敌对信息，就会产生紧张、不安、恐慌的情绪，进而引起自我防御机制的应激反应，具体表现就是情绪激动地发怒，冲动点儿的甚至会动手打人。

比如，你在淘宝上买了东西，卖家发货后说3天到，但由于种种原因超了好几天还没收到，你可能会想，是不是快递公司把你的包裹弄丢了或者是忘记送了，你开始陷入一种不安的状态。然后你的应激反应开始启动，如果通过电话咨询对方还是没有解决，你最后就会升级为愤怒状态。当对方不按照你的“剧本”走的时候，人就容易产生愤怒情绪。

但为什么有些人更容易发怒，而有些人则脾气较为平和、不易生气？

这涉及另一个概念——“自尊感情”的情绪。自尊感情是认为自己有价值的一种感觉。如果有人说你这也不对、那也不对，这也做不好、那也做不好，等等，就容易伤害你的自尊感情。它和自尊心比较类似，一旦人的自尊受到否定和伤害，也会引发愤怒情绪，是一种自我保护的本能反应。

不过，自尊感情高的人，对别人的否定比较容易宽容对待，他能分得清别人是善意的建设性意见，还是有目的的故意打击报复；能解读他人情感和意图，并且能掌控自己的情绪，不容易受到外界对自己的负面评价的影响。而自尊感情低的人，只要不合他一点意，只要受到一点点否定，就像刺猬炸刺儿一样，让你无法与之沟通。自尊感情低的人无法尊敬自己，需要从别人的尊敬中获得自尊感情。因此一旦别人否定自己，自己也无法尊敬自己，于是就只能通过发怒来发泄不满情绪。

请你花几分钟回想一下你平时的言行，你是一个容易发怒的人吗？

有人认为，愤怒是一种常规情绪，觉得不爽就要“发飙”、发泄情绪，并且要给对方威慑力，让对方害怕自己。这不是理所当然的吗？有这种想法可能是因为你觉得向别人展示你的“攻击性”才能换来尊重和敬畏。

但事实上，愤怒会损害你的人际关系。这个不用多说，你的朋友都会因为你容易“发飙”，而小心翼翼地和你说话，生怕哪句不小心，又刺激到你敏感的神经。久而久之你的朋友自然会和你疏远。

愤怒也会损坏你的身体健康。据医学研究表明，愤怒使胃里分泌更多胃酸，从而影响到消化系统，从而产生相关消化疾病。

最主要的是，“发飙”只会让事情变得更糟糕，而不是变好。你处于愤怒状态时，情绪不稳定，会影响你的逻辑思考，会影响你的判断和表达。对方也无法认真听取你的叙述，他的注意力会不自觉地集中到你的愤怒情绪上，并同时激发对方的防御系统，来回应你的攻击性语言和行为。最终双方要么吵得不可开交，要么就是一拍两散。

你要想调整自己的坏脾气，先从平时多冷静地观察自己开始，挖掘自己值得被人尊重的地方，提高自尊感情。

同时，需要反思自己每次生气的原因，反思的最佳时机就是愤怒过后。反思时要找到引发你生气的根源。其实，很多时候都是一些鸡毛蒜皮的小事引发你的情绪爆发，得不偿失。

对付愤怒最好的方式就是，当你感到要情绪失控时，避开产生怒气的环境或人，并到空气流通的地方进行深呼吸，让自己冷静下来。然后思考为什么要生气？是否值得生气？是否有更好的解决办法？用理性思维控制自己的情绪，有句话说得非常形象——做情绪的主人，而不是它的俘虏。

前面说的是你自己如何应对愤怒。那身边有脾气暴躁的朋友该如何处理？

假设，对方还没有意识到自己的坏脾气及其对身边朋友的影响，那就尝试着传递本文的一些理念给对方。希望能以潜移默化的方式，来改变他容易生气的思维模式，进而减少发脾气的次数。

此外，多提醒自己，尽量不要给对方任何否定类的信息，而是先赞扬，接着用建设性的语气提出其他解决办法。

多提醒自己，尽量不要给对方任何否定类的信息，而是先赞扬，接着用建设性的语气提出其他解决办法。

多提醒自己，尽量不要给对方任何否定类的信息，而是先赞扬，接着用建设性的语气提出其他解决办法。

重要的事情说三遍。

否定信息最容易刺激到对方，在对方自己没有主动解决问题时，你只能是适应对方的习性。

下面的对比：

说法一：小明，你这样做不对，要这样……才会更好？

说法二：小明，你提出的方式我觉得很不错，你看，这个事情用另一种方式来做是不是有更好的效果……

你觉得哪种方式不容易刺激到对方？

如果给予对方帮助、多次沟通无效，上面的方法也没用，那对这个让你痛不欲生的朋友，就稍微保持一些距离。他的脾气也只有他自己受得了。

如何克服社交恐惧症？

经常有咨询者反映，接触陌生人、异性就莫名紧张、患得患失、恐惧，甚至还有人应聘工作都会紧张。这是明显的社交恐惧症。

从心理学的角度分析，其根源在于对社交这件事产生了

“认知曲解”。

一般社交恐惧的产生和你的成长经历、人际交往经验有密切关系。

很多人在社交过程中可能受到过一些挫折。这些打击对你产生了负面的影响，这些影响虽然随着时间流逝而慢慢淡忘，但它却印刻在你的潜意识里。比如，一些当众的出丑，被众人嘲笑，某些陌生人欺负你，等等。

有研究表明，我们一般都会过高估计他人在我们出丑时对我们的关注度。比如，别人当时只是嘲笑你而已，并非是要真的羞辱，但你会认为别人一直记得这个事情，并经常拿来调侃你。

这些事情最终在你心里留下阴影，而这个阴影在你大脑里形成负面的认知。

假设你现在很想去认识新朋友，但是你过往的失败经历对潜意识有影响。当你再次进行社交时，潜意识会让你想起此前的负面情绪。这让你感到很害怕。

潜意识在影响你的主观意识，阻止你行动。你没办法控制潜意识，你只能掌控主观意识。

打个比方。大家看电影《火星救援》里就有一个场景，NASA 的发射中心，里面有个大屏幕，有很多工作人员，不同的人负责不同的功能控制。

你的潜意识类似于发射中心，而你自己就是你的主观意识。你不知道做什么可以让飞船发射，但你随便去乱按，会把事情搞乱套。

潜意识实在是太强大，主观意识无法控制。有些人会不断地给自己做心理暗示——我要自信，我要自信，我要自信。这会产生一定的效果，但时间不会很持久。这只是暂时性地压制潜意识，不会彻底改变。

那到底如何做才能改变？不妨参照一种心理治疗的方法，“认知行为疗法”。

这一疗法针对患者不合理的认知问题，通过让患者产生某些行为的结果，来改变患者对自己、对人或对事的看法与态度，进而改变心理状态。

你之所以害怕做某事，是因为你经历过多次类似的事情，结果你的潜意识就认为都是不好的。但事实上不一定是不好的。

当你把某件事情做成功了，而这不断成功的过程，就会慢慢影响你的潜意识。你潜意识里对某件事不自信的状态，就会慢慢地改变。

这种影响潜意识、扭转错误认知的过程，其实也是慢慢建立自信的过程。

我把自信分为两部分：一部分是主观自信，这部分的作用在于消除负面思维，养成积极正面思考的能力；另一部分是客观自信，是你潜意识中的自信。

光有主观自信是不够的，因为现在就是你的主观意识和你的潜意识在打架，但主观意识打不过潜意识。

那怎么才能打得过潜意识？

你需要通过身体去多多体验你的潜意识在阻挠你的事情。

比如说，你现在最害怕什么？是最害怕跟陌生人打交道吗？

为什么害怕？因为你害怕对方给出负面的反馈。你害怕对方拒绝你、对方不理你。

而现在你的害怕只是表象，不是根源。也就是说，不是因为你害怕而害怕，而是因为你害怕背后的事情，就是害怕失败、害怕受到别人的否定、害怕别人说你这个不好那个不好。

你的潜意识为避免让你受到所谓情感上的伤害，所以形成一种负面情绪。这种负面的情绪其实也是在保护你，避免潜在的伤害，但我们不能因噎废食。

那解决办法是什么？

你需要在关键时刻“被推一把”的动力，去突破此刻你无法控制的恐惧心理。

想象一下你要去蹦极，你站在高台上，然后跳下去，你才能完成蹦极。但是大多数人跳下之前会很恐惧。这是人类自我保护的情绪在发挥作用。

电影《云中行走》，讲的是一个走钢丝的艺术家在纽约双子大厦之间走钢丝虽然我只是看主角在走钢丝，但充满视觉冲击力的画面，还是让我情绪紧张，仿佛我也置身其中。这是我们基因里的畏高情绪在发生作用，它让我们感到恐惧，其实是要让我们远离这些潜在危险。

这个时候这么办？

还举蹦极的例子。

我以前蹦过一次。有些人绳子都已经绑好了，可是还是不敢跳。教练就跟他讲，你不要害怕，我教你一个方法，很快就不会害怕，你听我数到三你就跳。结果教练刚数到一，就把他推下去。

被推下去后就产生了行动、体验，想害怕也来不及了，也没机会后悔。因为一旦跳下后，肾上腺素飙升的惊险体验就已经产生。等你安全回到陆地后，你会发现，你其实是可以做到的，蹦极其实也没什么。

社交也是一样的。你现在无非就是恐惧对方给你的负面结果而已。假设你去见面之后，对方并没有给你负面结果，反而给你一个肯定的结果，那会不会让你的潜意识感觉到：好像我可以做到？你需要做的就是“豁出去”，先主动说话。

要想克服社交恐惧症，就需要越害怕什么就越要做什么。但为了避免在刚开始尝试积累成功经验的时候又失败，需要提前学习心态建设和必要的社交方法。

要让你的潜意识不断体验：其实我是可以的，我是可以的，我是可以的，我做成功了无数次。

这可能有个过程。第一次你还是不行，但是不要紧，你要相信自己第二次、第三次、第四次绝对可以。可能你做到第十次的时候，你的大脑一瞬间会发现：其实我能做到，我并不是像我以前想的那样害怕。

一旦你认为你可以的，这个思想一产生，它就会开始影响你的潜意识，建立起前面说到的“大脑奖赏机制”。

奖赏的结果就是产生快乐激素多巴胺，你每做成功一件事都能获得快乐，你就会慢慢喜欢上这件事，会上瘾。

克服社交恐惧症的过程，其实就是一个建立社交时的主观自信和客观自信的过程。要想让自己从惧怕社交到擅长社交，需要辅助心态建设和掌握社交沟通的方法。这样才能循序渐进地成长。

和女生聊天如何避免一问一答式的对话？

要想避免一问一答式的对话，核心是沟通时尽量“减少理性思考，多用感性表达”。

根据美国心理生物学家斯佩里博士的“左右脑分工理论”，左脑主要负责逻辑理解、记忆、语言、判断、分析等，其思维方式具有连续性、延续性和分析性。

右脑主要负责空间形象记忆、直觉、情感、身体协调、艺术、创造等，其思维方式具有无序性、跳跃性、直觉性等。

你如果是个理工男，又从事技术类工作，一般会缺乏与人（尤其是异性）经常打交道的锻炼机会和经验。长期较多使用左脑，即理性思维，很少锻炼右脑，即感性思维。所以，你在与异性沟通时会不自觉地、习惯性地用左脑思维，进行有“逻辑顺序”的一问一答式的聊天。

而女性思维模式一般偏向感性思维。情绪化是女生的一种交流方式，你如果一直在用理性思维去和易情绪化、思想很跳跃的女生聊天，很容易不在一个频率上，自然很难进入流畅的沟通交流感觉。

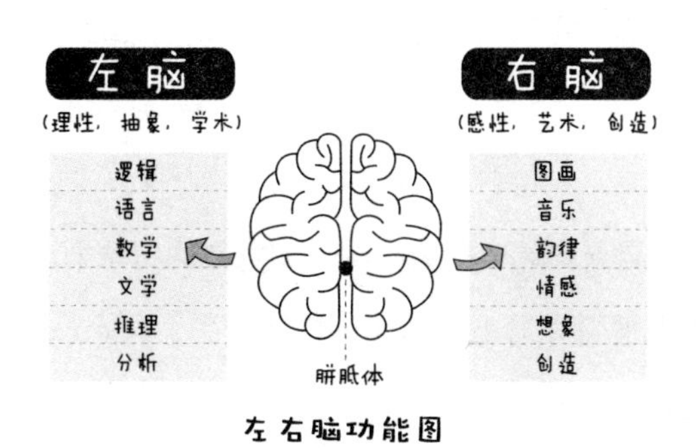

左右脑功能图

要避免这种情况，你需要做到以下两点。

一是日常刻意训练自己的感性思维。

二是学会感性表达方法。

1. 日常刻意训练自己的感性思维

可能你习惯于理性思维，并且工作、学习、生活中都是围绕比较理性的事情来处理，缺少艺术性、创意性的刺激。要扭转这种局面，你需要在日常生活中刻意地花一些时间来训练自己的感性思维。你可利用空闲碎片化时间做以下事情：

① 多听各种类型的音乐，学几首你喜欢的歌曲，甚至可以学一门乐器。爱因斯坦就很擅长拉小提琴。

② 多看、多模仿一些喜剧明星或幽默的人的表演，比如郭德纲、王自健、汪涵、孟非等，增加自己的幽默感。

③ 多看看科幻电影或小说，激发你的想象力。

④ 多看看微博上那些原创搞笑段子，open your mind（打开你的“脑洞”）。

总之，任何能激发训练你直觉、感性、艺术性、创造性的事情，都值得去学习。

2. 学会感性表达方法

感性表达的方法主要有三种：开放式问题、幽默感、讲故事。

开放式问题是相对于一问一答式的封闭式问题而言的。

封闭式问题举例如下。

你：喜欢看电影吗？

她：喜欢。

你：哦。

你：喜欢爱情电影还是喜剧电影？

她：都喜欢。

你：哦。

开放式问题举例如下。

你：你喜欢什么类型的电影？

她：喜欢爱情类、喜剧类。

你：你看过的爱情类、喜剧类电影里哪几部你最喜欢？

她：《我的滑板鞋》《一根金箍棒》……

你：是吗？我也非常喜欢这几部，其中有个情节很搞笑……

她：对呀，那个大反派每次出场都话很多……

请忽略具体的细节，只是举例。你看你多问开放式的问题，就容易无限延伸你们的聊天内容。而封闭式问题就容易陷入一问一答，草草结束，而且也很枯燥，像面试或审问。

幽默感这个东西就不用我多说了，大家都懂的。幽默是最好的聊天润滑剂，方便你和她进入融洽、轻松、愉快的聊天氛围。

最后一个是讲故事多分享自己的故事，难道不比“查户口”式问答更吸引对方吗？

如果你不觉得自己有什么故事，一是你可能实在是生活太乏味，需要改变生活状态，多旅游、多见见世面。二是你没有好好回忆、总结自己的事情。我相信每个人的一生当中一定发生过各种可以讲述的故事，即使自己真的没有，身边的朋友总会有。这世界上不缺乏好故事，缺乏的是发现好故事的眼睛。

情商癌，请离我远点好么

情商低的人一般也就是不看场合说错话，或是不能与别人感同身受，至多是幼稚、不成熟的表现。

而情商癌，则是情商低症候群里的“奇葩”。我就时不时会接触到这类人，不堪其扰，深受其害。

情商癌最显著特征之一——脾气大，易发火。

有人笑点低，我能理解，笑点低的人欢乐多，幸福指数高，真让笑点高的人羡慕。而情商癌发火的燃点也忒低，整一个火药桶，全身上下都是导火索，一点就着。以前认识的一个人，他有如下典型表现：

- 他可以开你玩笑。你开他玩笑，他就发飙、炸裂。
- 你做一点不顺他意的事情，但并不会影响事情结果，他就不乐意，发飙、炸裂。

● 他提出一个建议、观点，你不同意，或是提出不同意见，他就发飙、炸裂。

● 你和他讨论一部电影的好坏，只是艺术观点、角度不同，他就发飙、炸裂。

● 去从没到过的餐馆吃饭，点菜慢点，就唠叨你。你表示想选一些合大家口味又好吃的，他认为你磨叽不男人，发飙、炸裂。

认识我的人都知道我脾气比较平和，万事都以和为贵，很难看到我生气。

一开始我还让着他，只是觉得他是不是一时心情不好。

时间一久发现，他就是个“定时炸弹”，不知道什么时候就炸了。遇到这样的“奇葩”，每次都会陷入和他的争执，都会把自己的情绪搞得很低落。我一度怀疑他是不是有甲亢，真想给他攒点钱，去医院好好治治。

还认识一个“奇葩”，和他讨论任何问题，大到国际形势，小到去哪里玩，他都要发表一番观点。

有些事情，并非有绝对的对与错、是与非。但在他的世界观里，只有他是对的，其他人都是错的，别人都是笨蛋。

“你们脑子为什么拐不过弯？”

“你们不听我的，会后悔的。”

在他眼里任何事情都非黑即白，没有中间地带，没有灰色地带。

所以，每次和他议论某事，都会面红耳赤，不欢而散。

我一开始以为，只有我和他会“擦出激情四射的火花”，但看到其他人和他沟通也是这个样子，我于是释然，原来不是我自己的问题。

你永远不要低估一个情商癌喜欢和你讲大道理并要你去接受他奇怪理论的强烈欲望。

一个朋友的朋友，是程序员。

人挺老实的，也很活泼、不内向，但每次和他相处都要防备他突如其来的负能量吐槽。

糟糕的老板、糟糕的同事、糟糕的合作公司人员，任何他看不惯的都会被数落一番。

你和他讨论的事情，无论多积极、正面，都会被他满满的怨念败坏兴致。在场的其他人都面面相觑，不知该不该当面提醒他：这么爱抱怨，旁人都成为他情绪垃圾桶。当之无愧的 IT 界“祥林嫂”。

一要好的朋友向我吐苦水，说他有个猜忌心特重的同事，很难相处。

你向对方讲述一起运作某项目的原因和好处有若干点，但他就会狭隘地认为你肯定还有不可告人的“私货”没讲。

他搞不清楚，就心里不舒服，想知道你的真实目的。但事实是，的确没什么其他所谓目的。

我朋友说，有时候是想对他好一点，给他一些帮助，增进同事感情，但对方不领情。

习惯猜疑的人，特别留意外界对自己的态度。别人随意的某句话都会让他思虑良久，分析会不会有其他意思，同时也会怀疑他人是不是有“阴谋”。

有次参加一个社交聚会，碰到一个“情商癌 + 直男癌”的混合体。

一群人在聊天，他的言谈中有意无意，特别喜欢攻击某类型人群。

对于微博大 V，说他们都是沽名钓誉的伪君子。

对于豆瓣文艺青年，说他们只知道假借文艺的外壳“装”。

对于知乎精英，说他们都是一群爱“装”的人，各种冒充精英人士。

你能直观地感受到此人的偏激与自负，也能感受到他通过攻击别人来彰显自己有多“牛”。

殊不知，听到他说话的人无不面露难色，不知是不是该提醒他应该理性对待，不要过分偏激，毕竟他说的情况只是一部分表象，不是全貌，以偏概全得太离谱；但又害怕打破他的“自嗨”，坏了他的兴致，引发他的攻击，不想招惹麻烦。

大家或多或少都有些尴尬，原本欢乐的聊天气氛被他的负能量给破坏了。

你在人际交往中碰到上述类型的人时，不要指望和他们讲道理。

一来你讲不过他，不是你不占理，是“秀才遇到兵，有理说不清”。

二来他那股浓浓的负能量，会把你也变成像他一样的情商癌，不值当。

情商癌，请离我远点好么！

如何让别人心甘情愿把他所学教给你?

我发现，人有个通病，总是希望通过消耗最少的能量或投入，换取最大的收益。

不过，当自己也遇到这种纯索取行为时，会瞬间厌烦起来。

大多数人，都不想接受这一现实：一定要通过努力，才能达到自己的目标。

大多数人，希望有一片药，吃完之后，整个世界立马变得美好。

这实际上是耍流氓！！！

很多人向他人学东西，都有这样的心理：能免费，就坚决不花钱；要给现成答案，自己做“伸手党”。

你不付出任何代价，就希望别人倾囊相授，这也是耍流氓。

经常收到一些人的私信或加微信的请求，要咨询情感或个人成长问题。

很多人，经常犯一个社交礼仪上的错误：向人请教问题，毫无对对方的尊重，上来第一句就是说问题，连个“你好”或“您好”都没有。

即使有说“你好”“谢谢”，你也能感到那是毫无诚意的客套。

其目的，还是想尽快知道答案。这种行为让人感觉，回答他的问题是必须的，是欠他的债，必须要还。这样的人还真是挺多的。

试问，当你遇到这样的人时，你会心甘情愿地教他东西吗？

当你无意识地做出这种行为时，你觉得，别人会心甘情愿教你东西吗？

还有一种情况，虽然懂得礼貌咨询，却不懂得如何高效率地问问题。

比如，有人礼貌过后，就直接问：“我认识一个妹子，聊天还可以，但约不出来。后来对方就拉黑我，怎么挽回？”

这种挽回性的问题，一般都涉及双方个人情况，以及你们发生过哪些相处细节。就这点点信息量，我就算是你肚子里的蛔虫，也不知道该怎么解决。

像这样不清不楚的问题，我也尝试追问过对方还有什么信息可以提供给我。一般要么像挤牙膏似的，弄半天才说清楚情况；要么就是半天说不完整。

总之，就是本来一个不太复杂的问题，却消耗了我很多时间、精力。

所以，时间一长，这样的问题，我都直接忽略。

大家都很忙，能不能节约一些双方的时间？

想让别人倾囊相授，需要先做到自己主动“价值给予”：先给对方创造价值，给予对方足够的尊重和对其专业能力的认可。

介绍最常见也最有效的两个方法：

一是社交红包。

二是价值交换。

假设你在知乎上看到某个大V、小V或某方面答题者是这方面的专家（“粉丝”不多），在看完他们答题后，私信联系，甚至直接加微信，可以更深入地了解和学习一些看不到的知识、方法、技巧。

下面举几个我自己的例子。

有次，我想找一些哲学方面的入门书籍看看。无意中，发现知乎里有个答主的答案，非常浅显易懂，并且附带了他自己写的免费电子书下载地址。

于是，我马上下载下来翻看。看过之后不禁让人惊呼，他的资料深入浅出地讲解什么是哲学，如何应用哲学等，这就是我一直想要寻求的答案呀！于是我私信答主求加微信、QQ，并针对某些疑问请教对方，都获得耐心的解答。

最后，我给对方发了两次红包。一次，是认可书对我的启发；另一次，是感谢他帮助我解答很多疑惑。这个价值，绝对不是你花点钱，在外面能随便得到的。

实在超值，对方也会感受到对自己价值的认可和尊重。

第二个例子是，在我想找关于视频制作方面的资料时，又搜到一个非常专业的答案。我又私信答主向他请教一个更深入的问题。没想到，对方非常详细地回答了我，有 1400 多字。实在是对他感到敬佩，于是主动加其微信，立马给他发了一个“66 大顺”的红包。

双方的信任感就这样建立起来，后面我又继续咨询一些小问题，都获得满意答案。

第三个例子。有一次和一个知乎大V互加微信，经过一番寒暄和交流，我获得了一些解答，就顺势给对方打一个红包。对方竟然没收，并说，小问题不用红包。这反而弄得我不好意思。我对他说，既然不愿收红包，那我能帮助你什么，你尽管问。然后，对方就询问了几个问题，都是我专业方面的问题。从此，我们就时不时在微信交流意见，也算是成了聊得来的朋友。

发红包实际上也是一种价值交换。年头，大家都这么忙，能打红包，就少发图；能给别人提供帮助，就少客套。

我记得以前向别人求教学习时，就用前面的类似技巧。不过，还同时运用另一个杀手锏——请客。

什么鬼，请客也算？

是的，看似平淡无奇的方法，其实很有效。

最简单的方式，就是约对方去星巴克或是某个不错的餐厅吃一顿，自然都是我请客。

在吃吃喝喝的过程中，是让双方关系更熟悉、更紧密的好机会，也是最好的请教机会。

同时，你也要主动地贡献出你的价值，例如可以通过聊天得知对方最近要处理什么事情，正需要帮忙，而你又帮得上，那就主动助上一臂之力。

但需要注意的是，请吃饭，要挑选合适的餐厅。尽量选择正式一些，或装修、菜式有特色的地方。快餐类的就直接过滤掉，也要同时注意是否交通便利。

我住上海卢湾区的时候，特别喜欢请朋友或客人到日月光广场相聚。这里吃饭休闲娱乐一应俱全，地铁打车都方便，离徐家汇、新天地、人民广场都很近，而且旁边还有个上海特色的旅游文化景点——田子坊。这片区域简直就是接亲待友、情侣约会的绝佳场所。

就是通过这样的方式，我分别和自我成长、脱口秀、喜剧表演、德州扑克、互联网营销等多个专业领域里的高手成为亲密朋友。平日有什么小问题，只要发个微信就能获得解答，甚至可以随时通电话一两个小时以上。

你说，你认识到这样的朋友，并且他们付出时间和你聊。这算是心甘情愿了吧。

前面说这么多，其实还有一个最简单、最低成本的方法。

那就是，在联系对方前，先把对方的几个优质答案，点赞+感谢+收藏+分享，这是对答主最大的尊重。

因为，我会时不时去看关注我或私信我的人的个人主页，看看他们是否给我点赞过。如果有，那说明是真认可、是“真爱粉”；如果什么行动都没有，那不言自明。

如何在办公室里成为最受欢迎的人？

人在职场，最经常碰到的问题，除了如何做好工作外，就是如何处理好人际关系。

人际关系处理能力，是你在职场上能顺风顺水、升职加薪的必备技能之一。

问题是很多人也明白要搞好关系，但缺乏经验和方法，所以心有余而力不足。

那该怎么做才能改善人际关系？

下面分享一些小技巧，以方便大家运用。大家在运用时要注意分对象，不同的人，策略稍微不同。

1. 对老板

在小公司，你有机会经常见到老板，那就借助任何机会表现自己。

帮老板多分忧、让他省心，他自然会看在眼里。从互惠心理的角度，他会在待遇、其他奖励方面给你反馈。

（1）成为第一个来公司的人。

有些老板是喜欢早起早到的。你上班准时，甚至能比他还早到，他发现你经常第一个来公司，印象自然深刻，会对你有种“勤快”的印象。能和老板多一些单独的交流时间，会增加你在老板心目中的地位。

（2）开会多发言。

尽量提出一些实质性的改进建议，提高效率和业绩。这对你、对团队、对老板来说，是多赢。但这个建议的前提是，你的建议具有可操作性。

（3）老板也需要帮忙。

有时候你看到老板没来得及买早点，你帮带一份。午饭时间他要不要带一份。

我在知乎上看到过一个问题，大意是说帮老板买东西，他没给钱怎么办。在我看来，如果只是偶尔忘记，不是故意占小便宜，员工就像请朋友一样请老板也未尝不可。这样其实挺拉近两人关系的。你和你的好朋友会经常计较谁多请一顿少请一顿吗？

还在知乎上看过一个关于网易丁磊的回答。大意是说自己在电梯里碰到大老板丁磊，丁磊问他带钱没有，借他 50 或 100 元买星巴克之类的，但事后丁磊没还，他很纠结要不要找丁老板要。

我的建议是，对方忘记也很正常，日理万机，公司人这么多，对你估计印象也不深，想还钱也记不得是谁了。你完全可以在下次碰见时问：丁总，上次在电梯里碰见您，您特别喜欢喝星巴克，我现在刚好去买，需要帮您再——带一杯吗？大家自行品味一下。

能用一杯星巴克，就让大老板对你留下良好印象，甚至记得你的名字和工号。你觉得，几十元还有必要向老板要吗？

2. 对上司

公司大，见到老板的机会少，那决定你命运的就是你直接上司。

（1）了解上司的诉求，帮助他完成目标，就是最大的支持。

上司也需要向老板负责，他是平衡和维系老板、员工关系的纽带。他也会有任务，也会有压力。你能不能主动帮他分担甚至是妥善搞定，会决定他在老板面前的表现。

（2）做好自己的本职工作，尽量不要犯低级错误。

上司经常指出你工作上的疏漏，是你很不让人省心的表现，说明你职责没做到位，最好避免。

（3）工作态度比能力更重要。

本职工作做得不好是能力问题，可想办法改进。不认真、不负责就是态度问题，这也决定着你在上司心目中的位置。

3. 对同事

平常接触最多的自然是同事。与同事即使不能成为朋友，也不要闹成敌人。

（1）你们是一个团队。

在完成自己工作的情况下，主动帮助同部门同事做一些力所能及的事。对于刚入职的新人来说，这是最快打入团体的方法之一。

（2）举手之劳要多做。

最能体现你的贴心的事：顺势带个饭、买饮料、买东西等。

如果是别人让你做的，你也不要不开心，不要觉得对方是在命令你（除非对方真的情商低、说话不注重语气的），你都欣然答应就好。这些小事多帮别人，对自己并没什么坏处，而且一般人都会有愧疚心，你这次帮他，他下次也会帮你。

（3）你们除了是同事，还可以是朋友。

下班时间多聚聚、吃吃饭，一起玩些娱乐活动。人与人之间的亲密度就是在这些活动中慢慢加深的。

（4）其他部门同事也多走动。

指不定那天就需要其他部门同事的协助支持。公司内的社交范围，不要仅限于本部门或项目组。广撒网，才有更大收获。

4. 对下属

想要让别人从内心服你，听从你的安排和尊重你的管理，也是需要处理好关系的。

（1）提升自己的能力、专业水平、经验，让他们佩服。

比如销售部门，你如果经验和业绩都没你下属厉害，对方自然会产生一种“都没我行，怎么有资格做我的领导”的不平衡感。

（2）帮助他们成长。

新员工、刚毕业的大学生，要融入新环境需要时间和积累。你多给他们一些指导、支持，让他们进步更快一些，对你的工作有帮助。

（3）慰劳、激励少不了。

时不时地请大家吃饭、喝下午茶，是最好的联络感情的方式。

（4）善用大棒和胡萝卜。

奖罚分明，不要害怕得罪人。人们很在乎公平。

其实这些所谓的技巧，也不是什么技巧，都指向的是人性。技巧是学不完的，万变不离其宗。掌握人性、人际交往的本质，记住下面四条重要原则，到哪里都会吃得开。

① 真诚、真诚、真诚。

② 积极热情的态度。

③ 洞察他人的需求。

④ 积极的价值给予。

与人相处，若不是以真诚为前提，而是只想着怎么算计别人获取最大利益，时间一长，大家都不傻，最终都会对你产生反感，远离你。

热情大方的性格带来的正能量就是容易招人喜欢。没人愿意和性格孤僻的人相处，太无聊。

每个人都有自己的需求，不是什么事情都能完全自己搞定。你能观察到并力所能及地帮一把。时间一长，你就会变成大家心目中的“及时雨”，会成为办公室里最受欢迎的人。

搞不定这十个职场问题，你怎么混得下去

在职场，有些人比较会来事，八面玲珑，人缘极好。有些可能出于性格原因，比较不善于表达自己和与人相处，慢慢会变成办公室里的“边缘人”。

你工作能力再出色，如果无法与同事、上级和睦相处，无法成为利益与情感的共同体，就很容易被孤立。锋芒太露，则会“木秀于林，风必摧之”。

更何况，很多人工作能力并不出色，只是平常，或是还在学习积累期，想表现也表现不了，只能做好自己的本分。这种情况下关系还不搞好，那你离被“fire”也不远了。有些人已经和同事产生矛盾，上级对你产生看法，一时半会儿无法化解，关系紧张，从而也影响你日常的工作，心情也随之受影响。

下面是十个常见的职场人际问题，分别进行了分析、回答。

问题 1：在外打拼人生地不熟，同事邀约一起合租该不该接受?

这要看你和他之间的交情如何。只是关系一般，或是对对方还不了解，一般建议还是委婉拒绝的好。我们在做出一个决定时，都需要权衡利弊，才能做出最优化的决策，使获得的利益最大化。

好处我就不多说了，只说可能存在的几个弊端。

饮食起居属于很个人化的生活习惯，每个人都有自己的喜好。以我以前多年的租房、搬家经验，不发生矛盾是不太可能的，总会有一些磕磕碰碰。你可以搬走，但同事却不是想避开不见就不见的。

如果你同事是个“八卦”的人，你的一些个人隐私很容易被他在公司里“传颂”。

当然，如果你确信对方的人品不错，性格和你不会发生太大冲突，甚至是气味相投，以上都不是问题。

问题 2：遇到爱揽功的同事该如何应对?

你们作为一个团队处理业务，相信每个人都有相应明确的职责划分。谁负责什么事情，上司一般都很清楚，爱揽功的同事再怎么揽，也不可能把你做的具体工作成果据为己有。你需要做的就是如何做得更好、更突出，甚至是在完成自己工作的情况下，帮助别的同事。我相信，只要不是昏庸的上司，都会看到你的努力。

问题 3：公司有一些总爱随意使唤人的老前辈，该怎么解决?

建议你换个角度看这个问题。如果老前辈让你做的都是举手之劳或不太费事的事情，你心甘情愿做，反而可能获得老前辈的认可，盘活你在公司里的人际关系。虽然是别人使唤你做事，其实同时也是给你一个帮助别人、给别人提供价值的机会。从《影响力》一书里所说的互惠原则角度，你帮助前辈，他们会产生相应的愧疚感或回馈感，下次有好事情，肯定会优先照顾成天帮助他们的人。

我以前在某个公司的市场部里负责网络营销工作，虽然我不是网管，但很多同事电脑出问题，都找我帮忙处理，甚至总经理的电脑出问题，也是找我帮忙处理。通过这样的机会和很多老前辈们有更多打交道的机会，他们心目中对我的印象也比一般同事更深。

问题 4：做事踏实勤奋却不会说话和能说会道却不干实事，老板更喜欢哪一种？

老板是两种都喜欢，就像乾隆手下既有刘墉也有和珅，他们都为皇上排忧解难，各有各的用处。我的建议是，不要和这样的人比。你应该是和自己比，人的焦虑感、困扰感都是和别人比较之后才产生的。你有这个闲心，不如在踏实勤奋的情况下，去学习提升如何更好地进行人际沟通。当你两方面能力都很强时，老板肯定会优先晋升你这样的人才，而不是那种只会夸夸其谈的闲人。

问题 5：有的下属比自己年龄还大，如何处理好这种关系？

管理下属，虽然可以靠职位来压，但别人服不服，就不一定了。所以，年纪大小、职位高低，不是让下属绝对服从管理的唯一方式。

想让下属从心里服你，还是要靠一些方法的。上一节提到的几点可以参考一下。

问题6：如何与很强势的同事相处?

设立自己的底线。强势的人很喜欢通过气场压迫那些胆小怕事的人，让对方就范。你没对方强势，但你可以有原则；对方让你屈服，你可用规矩作为你的武器来对抗。“有法可依，有据可循”，你才有底气，你才能做到不卑不亢。你可以说：“你这样不行，得按规矩办。”

问题7：在与同事闲谈中，有哪些语言陷阱需要注意?

切莫交浅言深。不熟、关系不好、不知根知底的同事，就不要说自己的隐私，不要谈及自己的工作机密，比如你的销售客户资料等。关系好的，也要有底线。会威胁到你职业成长的事情少说。

问题8：做老板的助理，有什么细节要注意?

有个经典的职场故事，大家可从中窥探一二。

张三和李四同时受雇于一家店铺，拿同样的薪水。一段时间后，张三青云直上，李四却原地踏步。李四想不通，问老板为何厚此薄彼?

老板于是说：“李四，你现在到集市上去看一下，看看今天早上有卖土豆的没有。”一会儿，李四回来汇报：“只有一个农民拉了一车土豆在卖。”

“有多少？”老板又问。

李四没有问过，于是赶紧又跑到集上，然后回来告诉老板：“一共40袋土豆。”

“价格？”

“您没有叫我打听价格。”李四委屈地地。

老板又把张三叫来：“张三，你现在到集市上去看一下，看看今天早上有卖土豆的没有。”

张三也很快就从集市上回来了，他一口气向老板汇报说：“今天集市上只有一个农民在卖土豆，一共40袋，价格是两毛五分钱一斤。我看了一下，这些土豆的质量不错，价格也便宜，于是顺便带回来一个让您看看。”

张三边说边从提包里拿出土豆，“我想这么便宜的土豆一定可以赚钱，根据我们以往的销量，40袋土豆在一个星期左右就可以全部卖掉。而且，咱们全部买下还可以再适当优惠。所以，我把那个农民也带来了，他现在正在外面等您回复……”

看完故事，我相信你肯定明白该怎么做了。

问题9：面对批评，如何让对方觉得你是虚心接受了？

当然就是你根据对方提出的建议或意见，进行调整，并能让对方看到。只是口头上虚与委蛇，实际没有任何行动，时间一长，别人也就懒得给你提建议。

问题 10：如果让你遇到初入职场的自己，你会对自己说些什么?

专心做好当下的工作，不要好高骛远、朝三暮四。专注带来的价值提升，远比你到处浅尝辄止要来得有意义。“一万小时天才”理论，是提升你专业能力的必要基础。

FOUR

你想要的爱情，
为什么总是得不到？

为什么面对喜欢的人就没自信?

多年前，某次朋友聚会我认识了一个学中医推拿的女孩。刚好那段时间工作劳累，有点肌肉劳损，就跑去她的诊所做理疗。

也许是我当时年轻帅气的风度打动了当时单身的她。在某次推拿时，她突然有意无意地说：你有没有女朋友呀，给你介绍几个，我这边很多优质女生。

跟她接触时间越长，就越让我感觉她想追我，那种架势让我有点窒息。

这哪是给她朋友介绍，分明是介绍她自己给我。我敷衍地说，有机会出来玩时可以见见。说是有机会，好像就没再敢联系过她。

有人肯定会问：女生这么主动，为什么不接受？

不喜欢、没感觉，或者说是没达到我理想的标准，不想将就。

多年多年以前的一个周末，在街上偶遇一“女汉子”同事。刚要打招呼，发现与她并肩的是位一袭白色连衣裙、长发及腰的妹子。

不知是妹子打扮太惊艳，还是我单身太久，在她映入我眼帘的一瞬，我的心像被电击了，“一见钟情”，估计说的就是这种情况。

估计有朋友和我有类似经验，在当时，已有点无法自已、语无伦次。于是匆匆打个招呼，就此别过。

而我已陷入单恋。

第二天，就向女同事询问情况。原来是她室友，东北妹子在南方读书并工作，怪不得气质显得不一样。貌似后来见过的东北老妹儿，都能让我印象深刻。

总之，后来发生的事情，就是一个典型的失败案例："矬男"有机会跟女神相处，请客、吃饭、送花、逛街、唱歌，常规套路都来一遍，但矬男言行上表现得很唯唯诺诺，无所适从，患得患失，结果女神失望、无感，最后一拍两散。

通过这两个亲身经历的案例，大家发现了什么共同点么？

共同点就是：

① 追求者都是抱有强烈的目的性。

② 被追求者觉得无所谓，因为对方的条件价值不如自己，吸引力一般，没有引起足够的兴趣。

这两点会直接影响你在恋爱中的自信状态。

1. 自信状态和人际交往的目的性有关系

不喜欢，其实就是对对方没有目的性。你不指望从对方身上获得什么，就算你想要的对方不给，你也无所谓，你不计较结果，所以你很自信。

有目的性时，比如你刚认识对方，感觉对方好漂亮、好帅，就马上想要深入交往。同时知道自己的斤两，可能搞不定；或对方太优秀，而且发现对方身边的追求者条件都比较自己好，自惭形秽。

当你拿这些外在条件和对方进行比较，发现自己落后，容易形成反差，觉得自己不如对方，没对方价值高。当你用这种世俗的大众价值观进行自我衡量时，就会受到这套价值观的影响，就会出现某种偏激的看法，例如，“要追到女朋友，有钱、长得帅就可以了”。

但现实生活中，大家也看得到，有人没钱、不帅，也可以追到女朋友。

出现这种偏激认知的人，一旦认定这种价值判断，遇到比自己强的，就会不自信。因为他们内心认为：强者才有决定权和选择权；我太矬，没办法。

你可能会问，我就是对喜欢的人才有目的性，不喜欢的，鬼才有目的性，那怎么办？

你说的就会涉及影响自信的第二点。

2. 影响自信的第二点——价值

在喜欢的人面前能否自信，还有一个条件，那就是你们是否价值匹配。

我称之为“恋爱价值匹配理论”。

什么是恋爱价值匹配？我暂时下一个粗陋的定义：双方在个人价值和心态、经验、能力等方面都旗鼓相当，或差距不大，这两人就容易一拍即合。或者你各方面条件比你喜欢的人高，你在选她 / 他，同时她 / 他也愿意。你们在满足这样的条件下，就容易在一起。

但我发现，很多人喜欢的对象，偏偏就是条件比自己高出一截的。比自己差的，就看不上、没感觉。

这也刚好反映了：人是否有吸引力，根源在于“个人价值”。

价值分两种，一是硬价值；二是软价值。

硬价值很容易理解，例如“高富帅”“白富美”就是典型的硬价值高。高、帅、白、美，说明生物基因好，有利于繁衍优秀的后代。富，就是经济基础好，可确保自己和后代能有稳定的生活。这就是为什么，“高富帅”“白富美”会受欢迎的原因。

假设你现在就是一个普通人，你现在有两个人可供选择：

一个是“高富帅”/“白富美”，另一个是“土肥圆”。

如果这两个人都非常喜欢你，你会选择谁?

答案是很肯定的，是人都会选择前者。

但是，但是，终于来了。

“高富帅”“白富美”固然很有竞争力。但如果这个世界上只看硬价值，那我们大多数平凡人，就不会有出头之日。

这个社会，不只是看脸，也看实力，也看软价值。

在我看来，软价值也是能确保你更好地生存与繁衍的基础。

比如，你没有好的家庭条件，但你学习能力强，意志坚定，可以考个好学校，可以找个好工作。

比如，你颜值不高，但你很有幽默感，你很自信、很有义气，能仗义疏财，懂得结交朋友。

你暂时硬价值不够，但完全可以通过软价值提升进行弥补。

你可以暂时没有钱，但你可以通过努力奋斗，来让自己变得富裕。财富总是流动和变化的。马云的例子，就不用再多说了。

当你的综合价值和你喜欢的异性是相匹配的，不相上下，或者选择比你稍微低一些的，你们就容易在一起。

当你喜欢某个异性，但对方还没喜欢上你，也即你们还没有互相喜欢的情况下，心态弱的一方要想赢得恋爱，容易把对方放在比自己价值高的位置，从而不自觉地低姿态讨好。

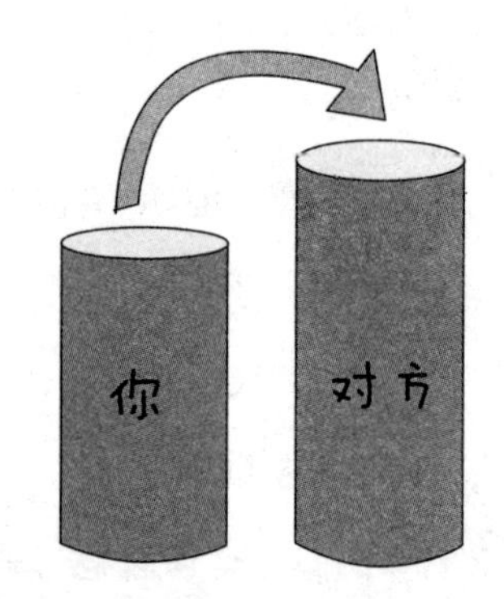

圆柱的长短，代表着价值的高低

那该如何提升恋爱中的心态？

只有一条路，通过各种学习、成长，进行自我价值提升。

既包括外在的，也包括内在的提升。

外在——外形、身材、穿着打扮、工作收入，等等。

内在——自信、情商、社交、沟通、恋爱方法，等等。

外在的部分相对容易。穿衣打扮，找造型师给你捯饬捯饬就好；身材，就是健身；工作，就是自己提升自己业务能力和搞好上下级关系。

内在，就是我一直积极倡导大家要提升的方面。

想让你喜欢的人也喜欢你，首要前提是，让自身价值与对方相匹配。而这个提升的过程，是不断地完善你的人生，让你也变得更优秀、更幸福。

如何知道我喜欢的人也喜欢我？

先讲个小故事。

我年轻时，懵懂、内向、“电脑宅”、不善言辞、愣头青，没什么恋爱经验。

在那个遥远的互联网时代早期，我通过网聊邂逅了一个女孩。因缘际会，找了个我现在已经完全忘记的理由，邀约见面。

见过两三次，我萌生好感。但随之而来的，就是开始胡思乱想。

她有没有男朋友呀？

她对我有没有意思呀？

我该怎么往下一步进展？

怎么发展成女朋友呀？

万一，她有男朋友怎么办?

万一，她拒绝我怎么办?

总之，当时我就是一个完全不懂女孩心思的“宅男”。在那时，完全看不出对方的态度是什么。

而且这些问题会反复想，越想就越恐惧，越想越不知所措。问身边朋友的意见：豁出去表白，总比什么也不做要强。

结果，由于太屃以及拖延症，最后不了了之，渐渐失去联系。

之后不久，又陆陆续续接触了很多女生。要么不喜欢，要么搞不定，再不就是阴差阳错，自己搞砸。我相信大部分朋友年轻时也差不多，也印证了那句话——谁的青春不迷茫。

虽然失败居多，却让我积累了一些小经验，知道什么事该做，什么事不该做。

就像小时候看的林志颖出演的《旋风小子》，他师父什么武功都没教，就让他挑水劈柴，竟也练就一身基本功。

恋爱也需要练习，恋爱 = 练爱。

我又回想起我和她相遇在电脑城里朋友的铺面的那个

下午。

那年我23，她18。我看到她第一眼就有感觉。

当时，她需要PS照片。刚好我略懂，一来二去，慢慢熟悉。我既没有胡思乱想，也没有任何的纠结、徘徊。

后来某天，她参加一个比赛后落选，神情失落。而我就在她身边，我们并肩走在午后阳光照耀下的小路上。我知道她此时需要慰藉，我很自然地伸出左手，牵住她右手，两人相视而笑。

再后来，我偶遇前面故事的女主角，发现她身边带个猥琐的男生，她介绍说是刚在一起的男朋友。

一瞬间，我似乎懂了什么。

经过多次的恋爱经历，发现一个道理：抓破头去想“我喜欢的人，是不是也喜欢自己”这个问题其实并无意义，甚至是自寻烦恼。

当你产生这一丝丝想法的时候，你可能已经输了。

你这样想，就是已经在潜意识里认为自己配不上对方，认为对方价值比自己高。你就开始千方百计地想，怎么才配得上，怎么做、怎么讨好，才能让对方喜欢自己。

这些方法和行为，会产生负面效果。

当你心态处于被动时，你的言行举止，都会通过潜在交流，暴露出你是很没自信的家伙、不够男人，没有让女生产生被征服的欲望。女生的第六感一般都很准，即使你没说，她也能感觉得到。时间一长，就会产生厌恶、反感，最终远离你。

我们再换个角度思考，真的需要知道喜欢的人是否也喜欢自己吗?

就像第二个故事里的我，当你处于放松的状态，你真诚地表达自己，从实际、心理上都能让对方感觉到有价值。

对方只要首先不讨厌你，她就会慢慢感受到你的吸引力和优点。她也有交往男友的需求。同时没有太强的竞争对手，或根本就没有第二人选，那你离成功就已经很近很近了。

所以，这个问题，其实是伪命题。

当你真正开始提升自己的价值，学习恋爱方法论，拓展社交圈，积累与异性交往的经验，到一定程度后，你就会形成“恋爱本能反应”。

这个本能会告诉你，什么情况下做什么事情，什么情况下直接通过牵手来测试对方的态度。

但我最后还是给一些没经验、没方法的朋友介绍一些方法。

1. 观察法

（1）观察社交动态。虽然朋友圈不是完全的人格展示，但至少体现出一个人部分特性，值得参考。例如，她喜欢什么、讨厌什么，都是很容易看得出的。

（2）观察言行，观察对方对你的反应。对方对你有兴趣，会在谈话中有意无意地透露出一些信息。例如，是否会主动找你，是否对你的话题反应热烈，是否会主动给你眼神、肢体上的交流。

观察法涉及两个方面：一是对社交和人际关系的敏感度；二是社交经验的积累。

2. 试探法

（1）聊天试探。聊男女朋友话题，聊双方情史，聊身边朋友恋爱情况。

试探法的“大杀器”就是，介绍男 / 女朋友给对方。有经验的人，尤其是女生常用这个方法。通过介绍女朋友，来试探对方的是否单身，是否有中意的人，是否会接这个话题和你调侃，等等。

（2）找朋友帮着试探。

这里有两个注意事项：一是如果你聊天的功力不给力，是试不出来的；二是得到结果后能否面不改色，知道不是自己想要的答案，你能承受得住吗？

3. 单刀直入法

面对自己喜欢的人，敢于说出口，才是真正敢爱敢恨的人。能做到敢爱敢恨的前提是，你不在意结果。

要主动，就不要怕承担风险。害怕得不到自己想要的结果，担心喜欢的人会就此离开，这是很多人不敢主动的重要原因。

《欢乐颂》里的曲筱绡是一个值得学习的典型。面对自己喜欢的人，她勇于表达，大胆试探，小心应对。大家可以找来学习。

即使你暂时欠缺方法、经验，面对喜欢的人依然无法收放自如地应对，不要紧，人总是在失败中成长，在成功中获得信心。

你不是痴情，你只是喜欢你自己

小丽和小明都在英国留学，此前互不相识。

他们偶然邂逅在某次聚会上，互相一见倾心。

小丽就读于一所排名居前三的名校；而小明则一直耿耿于怀没能上名校，这成为他的心结。

双方一开始还情投意合，关系升温迅速。

小明发现对方的各方面条件都非常符合他理想伴侣的条件，尤其是就读于名校这一条，让他此前未能如愿的心得到了弥补。

小丽的反应越好，越让他感受到，这是上天赐予他的幸运，也让他的心态微妙地发生着变化。

爱情就像流沙，你抓得越紧，则流失得越多。

小明觉得，既然小丽对自己有意，那就赶紧进一步确认关系。

小明一些不当的言行，过于急切的姿态，渐渐让小丽隐约感到不安，小丽的心房也渐渐升起保护罩。

突然有一天，小丽发给小明微信说：“我们觉得我们发展得太快，我们应该想清楚到底适不适合在一起。我需要一些时间静一静，需要时间想清楚。最近天气不好，注意身体，晚安。”

小明有点懵：“怎么回事呀？我到底做错了什么，让对方突然就出现这样的态度？”

小明死活都想不通。

再后来，小明找到我。经过和他多次的交流和信息分析，我为他找到了问题的症结。

我对小明说：你并不是真的喜欢那个名校女生，其实你真正喜欢的是你自己。由于你自身的经历，没能上成名校。这种内心的强烈需求，一直得不到满足。你邂逅名校女生后，产生了“投射”心理。

心理学上有种“投射效应”，是指一个人容易将自己的价值观与情感好恶，投射到他人身上并强加于人的一种认知障碍。

这是一种严重的心理认知偏差，会让我们的认知缺少客观性，由此产生消极的影响。

我们常常会把自己的想法和意愿投射到他人身上。自己喜欢的东西，以为别人也会喜欢；自己厌恶的东西，以为别人也会厌恶；自己认可的观点，硬要别人也认同。

小丽正好是小明内心渴求的理想对象。

本来，小明一开始是有机会得到，并可以满足内心需求的。但后来没成功。这种前后的落差，造成小明的“恋爱沉没成本”加大。

小明说：“最重要的是，结婚时，在亲戚朋友面前有面子。”

小明所谓的面子，不正说明，其实小明更喜欢的是自己吗？

你喜欢对方，是因为对方有你一直未能满足的东西。你其实是为自己的面子，而不是对方。

再举个类似的例子。

很多父母年轻时，自己没能上大学或好学校、没有掌握某样技能，比如钢琴。等有了孩子，他们就投射到自己的孩子身上，让孩子学很多自己当年没学成的东西。这种一厢情愿，一般会适得其反。因为孩子并非是发自内心地喜欢去学这些。

这种投射心理，放到两性关系里也是一样的。这是病态的，不健康、不符合人性。这是一种“强人所难”。

要想不纠结，就要放下这个执念。如果一直有这种思想包袱，就会有种结果——你永远觉得自己不够，不够厉害、不够强。

这是一把双刃剑。虽然一方面可以激励你成长；但另一方面，如果能力一时跟不上要做的事，会让你产生巨大的焦虑和压力。这种焦虑是影响你自信心的重要因素之一。

小明说：“对方对我语气冷淡，长时间不理不睬。这是对我自尊心的伤害。”

每个人的自尊是自己争取来的，不是他人施舍于你的。

如你的自信都来自于外在或他人的肯定，那就不是真正的自信。

小明问：“怎么做，才能让我获得解脱？”

我给的建议如下。

（1）先接纳自己的不完美。

接纳现阶段你无法改变的事实——没有上名校。这没有什么。大不了，以后再考：大不了，我在其他方面胜过对方。

马云也只是二本学校毕业。学历并非和成就成正比，学历只是敲门砖。

而且人生来就不是完全平等的，每个人都有自身的优势。

你如果只用自己的短处和别人的长处去做比较，受伤的只会是你自己。

聪明人，都懂得扬长避短。发挥自身优势，才是让自身价值发挥作用的最优选择。

有个有趣的说法，刘翔为什么能在跨栏上获得优异成绩，源于他比跑步的人更会跨栏，比跨栏的人跑得更快。

（2）果断止损。

之所以产生纠结情绪，源自于一开始的高预期。小明本来以为可以找到一个名校女友，但竹篮打水一场空。过多地投入感情，致使被“套牢”，也就是前面提到的“爱情沉没成本”。

要想完全从根源上不再纠结，那就要果断止损。

先放弃想要挽回的念头，让自己恢复到认识她之前的状态。

这并非是说，此后可以完全不理对方。只要对方没拒绝和你联系，你就当她是普通朋友，先保持联系，等待机会。

这个机会，也许是你在重新调整自己、改变自己。各方面变得更优秀，华丽转身之后的邂逅；也许是对方某天突然感情脆弱或生病需要人照顾时，就想到了你。

（3）调整生活状态。

你不是为对方的存在而活，是为自己。

恋爱这件事，真诚喜欢对方是没错。不过，如果对方对你已无兴趣，你是不可能通过祈求来重新获得的。

你越是表现得很在乎对方，并不会显得你痴情，只会激发对方对你越来越反感。

换位思考一下就会明白。

此时，应及时调整思想，把生活的重心从对方身上移回自己身上。

你应该做一棵大树，让松鼠围绕着你，而不是相反。

多做些自己喜欢的事、开开心心地去参加各种聚会。分散注意力的同时，也许你会遇到新的符合你要求的异性。还要把你积极的生活态度，呈现在你的朋友圈里。

当我们每次遇到人生低潮或挫折时，更需要积极的生活态度来面对这残酷的环境，才能走出阴霾，并能影响周围的朋友，可能也会影响到你中意的那个人。

一个人的痛苦多数源自于他的执念。执念是一个人做事的态度，也是一种优良品质。可万事都应该有限度，在工作事业上你坚持不懈，值得肯定。而在感情这件事上，就容易让自己变得患得患失，失去自我、认死理、钻牛角尖。

因为对方拒绝小明肯定是有原因的，如果小明不解决小丽的疑惑，小明再执着地坚持也都是南辕北辙。

恋爱，有时候，还真需要学一些心理学。了解自己的同时，也方便了解对方的心思，这样问题才能迎刃而解。

不甘心，是对自己无能的不接受

“我那么喜欢她，她就是不理我。我现在很纠结，到底是坚持还是放弃？”

这是小 A 在微信加我好友后问的第一个问题。

这也是众多咨询者最常见的开场白。

“你谈过几次恋爱？年纪多大？你顺便测试一次，反馈结果给我，才好帮你分析原因。”我例行地回复，同时给对方发去一个自信与恋爱能力的在线测试题。

不多久，小A回复说：“只有1次，23岁，大学刚毕业，两个测试分数都很低，只有几分。我该怎么办？”

“如果得不到她，我感觉会遗憾终生。请帮帮我，我非常喜欢她。请问如何才能挽回？我非常不甘心就这样失去她。”

每次面对这样的咨询，我都挺为他们感到无奈与伤感。他们在两性关系中，是如此的脆弱和无力。

我于是对他说：“通过你的信息反馈和测试结果，可以看出你在恋爱方面严重缺乏自信、方法、经验。这是你在面对心仪异性时感到无所适从的根源。”

谈恋爱有时候和打游戏很类似。

如果你玩游戏的时候，每次都在意一条命是否能打通关，这是不合理的。

除非你“开挂”，或是练过无数次，不然你根本做不到。

大家如果玩过任天堂FC黄卡带时代的魂斗罗和超级马里奥，就知道一命通关有多难。当然，也少数人能够做到，但这不知道是付出了多少时间和多少次重来才得到的结果。

如果你因为某次失误就无法顺利过关，那你玩游戏的过程就满是懊恼，而不是快乐。

过分在意每一次的输赢，那你永远体会不到游戏的乐趣。

恋爱和很多事情一样，并不能一次就搞定。虽然可能有人比较幸运，但那只是极少数人。就像中彩票头奖的人永远是少数。

恋爱不是一场非赢即输的比赛，而是一种人生体验。毕竟，恋爱不是在玩“饥饿游戏”“大逃杀”这样的游戏，只要输，下场就只有死。

如果你都是抱着“不成功，则成仁”的决心，那你不是在追求人生最美好的事物，而是舍生取义。

因为你已经“执着”地认为，非她不可，没她我就活不了。

很多没什么恋爱经验的人，都存在以下一厢情愿的认知：

✧ 谈恋爱一次成功就结婚是最好的。

✧ 谈一场永不分手的恋爱。

✧ 她拒绝我，我再努力坚持一下，是不是还有机会？

✧ 异地恋，对方冷淡，提分手，怎么做才能挽回？

可能还有很多其他类似的误区。

佛说：“人生八苦，生、老、病、死、爱别离、怨长久、求不得、放不下。”

不舍，是你们因为客观原因无法在一起；你不得不接受事实，是爱别离。

不甘心，其实是对自己现阶段无能的不接受，是求不得、放不下。

你在恋爱中，如果无法掌控这段关系的进程，那说明你欠缺相应的能力。

就好比，你想不去驾校学开车，而是通过弄辆车自己摸索研究，那后果不堪设想。

怎么办？

万事先问“为什么”！

这个方法，我在本书前面提过。

遇到问题时，很多人的行为模式顺序是，先问“做什么”“怎么做”。他们从来不问“为什么”。他们对根源性问题很模糊。

而聪明人则是先问“为什么”，再去构思“怎么做”。而“做什么”就是基于前两者的结果，他们懂得先掌握事物的本质。这样会事半功倍。

这个理念也同样适用于情感领域。

回到文章开头的咨询者的问题：“我那么喜欢她，她就是不理我。我现在很纠结，到底是坚持还是放弃？”

一个没有恋爱经验的男生表白，被女生拒绝后，不是思考他“为什么”被拒绝，而是不停地想：我该做什么、怎么做，才能让她喜欢我。

我给他分析，这个“为什么”就是，男生缺乏吸引力，颜值低、情商低，不善表达等等。一个很无趣的人，怎么能吸引到女孩子。

所以，万事先问“为什么”！可以有效帮助你找到问题根源。

“哦，老师，我明白你的意思了。”他似乎总算开窍。

“但我还是想知道，我到底是应该坚持继续追还是放弃？”

我：“……”

与女生交往，我收获了哪些经验教训？

下面说一些“直男癌”观点。

千万不要和女人讲道理。虽然这是一句废话，但你没经历过神经质的女生，你无法体会到这句废话的真正含义。

有些女生和你争吵，不要指望通过跟她讲理来把事情化解。女生情绪化时，很容易失去理智，根本不理会你严密的逻辑、精彩的分析。即使你是正确的，她发起疯来，直接可以用自残和自杀相威胁，最后可以把你弄得很崩溃。

不过，和女人讲道理有三大好处：一是她说不过你，会显得你很厉害；二是你赢了，你会有成就感；三是你将拥有“注孤生”（注定孤独一生）永久会员资格。

小“作”迁就，大“作”say no。

女生都习惯性喜欢“作”，小事就迁就她。女人的“作”，就像婴儿通过哭闹，来获得爸妈的关爱是一样的。“作”是女人的天性，就像男人喜欢装成熟一样。

但如果她要求过分，你一定要守住自己的底线，不能逾越。不然她就会得寸进尺，你在她面前会越来越没底线，失去自我。因为女人自己大“作”起来，自己都怕。

很多女人都喜欢偷看男友的手机，以寻求安全感。想让女朋友有安全感的最好方法：主动交出手机、微信、QQ、IQ、EQ 卡密码。

男女双方经过接触后都很认可对方，关系发展迅速。男方就想尽快确定关系，于是叫对方“老婆、宝贝”等亲密的称呼，或直接谈论性话题，或直接通过索要“性”来确认恋人关系。但女人此时会产生矛盾心理，既乐于看到对方对自己的认可，同时也担心在还不太了解的情况下，发展太快是对彼此的不负责。

女人的这种不安全感，是根植于女性基因里的自我保护机制。她担心在还不了解的情况下就确立关系，害怕自己陷得太深；一旦发现你不适合就无法脱身，她恐惧未来的不确定性。男人想确立关系的行为，让女人感受到压力并形成逆反和逃避心理。最终女人会采取极端方式避开你，例如，拒接电话、拉黑等。

所以，你可以反其道而行之。在对方还不确定了解你时，不要提出过分要求。即使，**你们孤男寡女共处一室，对方主动提出性要求，也不要轻易上当。她很有可能是在试探你，一定要坚定拒绝。否则，最后你很可能会发现，你还是被拉黑，因为你“禽兽不如”。**

恋爱靠的是互相吸引，不是靠“追”和“自我感动式”的付出。

很多男人由于缺乏经验，受到影视剧的误导，以为只要努力追和不断付出，就能感动对方。

但事实是，对方是否感动的前提，是你有没有刚好对她胃口的吸引力。

例如，有些女生就是喜欢帅哥，有些就是喜欢胖子，有些喜欢有安全感，有些喜欢幽默感。你如果一无是处，又缺乏应对喜欢的异性的自信心，就很容易被对方给“过滤”掉。

不过，也不能完全否定自我感动式的付出，这种付出还是有好处的，会让你成为情感超级英雄——买单侠。

她严词拒绝我，我再努力坚持一下，是不是还有机会?

答案是，一般都没有机会。别人要请你做你不喜欢的事，你拒绝；他再次请你，你会再给他一次机会吗?

异地恋、对方冷淡、提分手，怎么做才能挽回?

有心理学研究表示，心与心的距离和物理距离是成正比的。你们很难见到面，缺乏沟通交流，感情变淡是自然的。就像你有个要好的朋友去远方工作，时间一长，你们之间的情感也会变淡。

两人异地恋能否开花结果，取决于是否保持联系、保持感情的温度、是不是经常见面、异地恋的时间长短，以及两人对未来是否有共同目标，等等。总之，如果不能彻底解决异地问题，异地恋不会有好结果。

不要怪对方冷漠，爱情的小船说翻就翻。如果你处于对方的位置上，也许早就换更好、更方便的对象了。于是你就发一个短信过去说：咱还是分手吧。然后你女朋友回一条：不好意思，您哪位？

很多男生暗自喜欢某位女生时，为了了解对方到底喜欢不喜欢自己，会在交往中察言观色，多方试探。

由于投射效应的作用，男生们容易误将对方并没有特别含义的反馈，理所当然地理解为“她好像也喜欢我”。于是想通过表白来确立关系，但结果却是被拒绝——我只是把你当成朋友。一般男生不会接受这个结果，依然固执地认为，对方可能是害羞或在考验自己。

男生就纳闷，考验不是不可以，但女生心思像“海底捞针”，深不可测，我不擅长。能不能换换个方式，比如，看持久力如何？海底捞，我能吃个通宵。

喜欢通过“表白”来确立关系，是因为男生内心觉得，对方也喜欢她，但对方不主动反馈，那怎么办？只能硬着头皮，学学偶像剧里的方法，也许有用。

这种错误的认知和思维方式，很容易让你只关注自己，而忽视对方的需求。不了解对方需要什么，你就无法满足对方并获得对方的认可。

你是有学偶像剧的行为，却没偶像剧的形象和自带背景

音乐的功能。

追一女生很久，被拒绝，不甘心，该放弃吗?

其实不甘心，涉及一个经济学上的“沉没成本”的概念。沉没成本是指由于过去的决策而已经发生的、不能由现在或将来的任何决策改变的成本。人们在决定是否去做一件事情的时候，不仅是看这件事对自己有没有好处，而且也看过去是不是已经在这件事情上有过投入。

你是不是发现你之前对这个女孩投入的时间、金钱、精力已经很多，如果你放弃，你会有亏本的感觉?你内心会纠结，要不要像被套牢的股票一样去做果断“割肉”，以避免受到更大的损失?这个就是你不甘心的真正原因，而并非只是情感上的不甘心。

所以，你只是“恋爱沉没成本”太高，舍不得放弃而已。你可以通过分散投资到多个女生身上，来化解风险和降低成本。但这样做，最后你会亏得更多。

女生需要切实的关心和行动，而不是只说“多喝水”。

在女生生病或是来“大姨妈”的时候，你不能只是像一般人那样在微信里发一句“多喝水”，而是要主动地给对方买药或是送上红糖水。你的这种实际行动的关心价值，马上就会让你鹤立鸡群。

有一次，我一个女性朋友发朋友圈，说生病了，非常难受，不知谁能帮买个药。没多久就看到我另一个男性朋友回复评论说，“我马上就到”。他们之前已经认识了一段时间。事后没多久，他们就在朋友圈里，恩爱秀个不停。

其实当时，我也回复帮买药来着，但网络卡，信息没发出去……

面对内心喜欢的异性，不自信、容易紧张、患得患失，结果必然会降低在对方心目中的吸引力。

我曾对一些女生做过调查，发现她们判断一个男生有没有价值、值不值得喜欢，会首先通过和他说话的感觉来判断。如果能明显感觉到对方在自己面前放不开、说不出话，基本上就会筛掉。她们不会认为这是酷，而是尿。

连和我说话的勇气都没有，如果发生危险，以后怎么指望你救我，最多指望你成为“妻管严”。

男人喜欢女人的方式和女人喜欢男人的方式有很大区别。

男人被有魅力的女人吸引所需要的时间，最快可能只有几秒钟，男人是视觉动物。

而女人要真正喜欢上一个男人，则可能需要几小时，甚至更长的时间。因为女人的基因决定了她潜意识里是通过行为模式来了解男人，以便确认对方是认真的、负责的，会给自己或将来的孩子带来生存保障，而不是骗子，她们会避免让自己承担独自抚养后代的风险和周边的社会压力。

很多男人问我：为什么明明有感觉，却不让更进一步？因为你不是明明。

关心对方关心的，你才能赢得她的心。

人性总是最关注自己的事情。你应该去做一些信息的搜集，比如她的微信朋友圈、微博、QQ 空间里的动态。一般来说，这些所显示的都是对方喜欢、感兴趣或是寻求认同感的内容。

你不了解一个人的喜好，就无法与对方有深入的交集，也就无法获得直指人心的谈资。

当你不关心，她就会关上心；当你关上心，你已被拉黑。

女生为什么要找有“感觉”的？

对方喜欢什么类型的异性，虽然不是你能控制的，但只要对方内心期望的条件不是非常严格，你就还有希望。很多女生在碰到心仪对象时，总会幻想各种各样的优秀条件，但实际真碰上一个有“感觉”的，这些条件也许就统统抛在一边。

那什么是有“感觉”？所谓“感觉”其实就是被对方的某种魅力所吸引，产生的心动之感。

吸引力的形式主要分为硬价值和软价值。你是“高富帅”，这是硬价值。你懂得如何逗对方开心，懂得及时给对方提供帮助，懂得在什么样的场合说什么样的话，这是软价值。

这些价值中只要有某些能击中对方的心理需求，你就能让对方产生感觉。例如，有些女生就是喜欢幽默的男生。

如果你还是体会不到什么是“有感觉”，听我一句劝，请多看韩剧，至少 100 部打底。从 20 世纪 90 年代的到最近的《太阳的后裔》，各种浪漫桥段烂熟于胸，相信你绝对会吐到有感觉。

女生跟你暧昧，不代表你就能十拿九稳搞定她。

在她眼里，暧昧实际是个过渡期。女生对某男生有好感，但不知道自己到底有多喜欢，这种好感会持续多久，也不知道自己了解这个人多少，所以就需要关系近一些，接触一下。但实际上并没有发展成恋爱关系，暧昧只是个试探工具。这个好感，可能会升温、会发展；也可能因为你的某些细节瞬间熄灭。

你搭讪女生，对方给你联系方式，不代表就是喜欢你，可能只是出于礼貌或赶紧应付你，好躲开你。

所以，最后对方反应变冷淡，完全是正常现象。你要做的是继续扩大认识的异性基数，总有那么几个，是不会反感你的搭讪，而是讨厌你长相的人。

掌握自我解决情感问题的方法

说到情感问题，这个范围非常大，每个人的情况都会有所不同。但通过我大量的培训和咨询案例总结发现，大家的问题是有共性的。改变这些共通的和根源性的状况，基本上你的情感问题会得到一定程度的解决。

爱要怎么恋？

首先看看你是否存以下情感问题？

✧ 你是否缺乏异性资源，无法找到喜欢的对象？

✧ 你是否在某些场合遇到心仪异性，却不知该如何认识？

✧ 你是否在认识异性后，不知该如何邀约？

✧ 你是否在见面时，表现得紧张、拘谨、尴尬，不懂得如何与对方进行有效交流？

✧ 你是否喜欢上对方后，不确定对方是否喜欢你，并不知如何让关系升级？

✧ 你是否遇到过不喜欢你、拒绝你的人，然后不知所措？

✧ 当你处于恋爱阶段，是否遇到因为各种原因闹分手的情况，希望进行挽回？

可能还有很多其他的情感问题，这里不再列举。

很多人存在各种情感问题，并非是因为缺乏方法（当然，在恰当的时机使用一些技巧是会事半功倍，但只是锦上添花），核心问题首先是个人综合素质较低，从而影响自己的正常表现。

使用技巧是过招式，提升综合素质是练内功。

缺乏自信、患得患失心理、情商低、不善表达、社交能力弱，这些都会导致你的异性资源缺乏，降低成功交往的概率。

这些是你难以成功交往异性的最大内因。

再看看你是否存在以下个人综合素质的困境？

✧ 内心自卑、缺乏自信。

✧ 性格内向，不善言辞。

✧ 得失心重、患得患失。

✧ 情商低、易说错话、幼稚、不成熟。

✧ “死宅”、精神萎靡、能量气场低，负面情绪重。

✧ 社交恐惧症、朋友少，人际关系差。

✧ 拖延症，缺乏行动力。

✧ 做人底线低、易妥协。

✧ 优柔寡断、依赖性强。

✧ 个人形象差。

这些内在素质欠缺，也直接决定了你的精神气质、个人魅力、为人处世的水平低。

为什么会是这样？了解了问题所在，那你该如何解决？

情感问题就类似于泰坦尼克号在海上遇到的冰山，自由漂浮的冰山约有 90% 体积沉在海水表面之下。

前面提到的第一类情感问题，只是情感状况的冰山一角，相当于表象。第二类素质问题才是根源，是解决问题的核心。

很多人会说：我一般情况下都很自信呀，我工作也很好，收入也不错，外形也还可以，但遇到喜欢的人就不自信了。

自信是全方位的。工作好、收入高、外形佳带来的自信，不是完整的自信，只能称之为客观自信。如果你缺乏主观情感上自信的建立、情感方面的客观成功经验积累，那必然会心慌，因为你既不擅长也无底气。

就好比手机操作系统，如果不完善，虽然能打电话、发短信，却不能使用应用程序或是不兼容出现闪退，那就是有缺陷的系统。

如果你现在的自信系统，只是一部分自信，另一部分不自信，那就需要像给手机系统修补漏洞一样对你的自信系统进行完善。

有的人则因为习惯性的“宅”，缺乏社交活动，慢慢地，他们的社交、沟通能力都逐步退化。再加上这些人可能还是一个内向的人，不善言辞，需要社交的场合就无法正常表现自己，有种放不开的感觉，不敢主动与陌生人沟通，在意对方负面评价，等等。

这致使你更加害怕社交。最终的结果就是除了身边的朋友、同学、同事（一般大部分都是同性），就基本上无任何异性资源。没有资源，社交能力低下，也就意味着你的成功率极低。

有些朋友的情况好些。能社交，能结识一些异性，也能邀约出来，但问题就卡在心态和经验处理上。常见情况就是容易“患得患失”，明明对方对自己的反应还不错，自己却觉得配不上，或是害怕搞砸。

而一旦有了这样的想法，就陷入墨菲定律，越害怕出现的结果就越会出现。害怕的原因一般就是缺乏处理经验和方法。

还有些朋友与人相处时，经常会犯一个错误，就是控制不住自己的情绪，也就说所谓的没钱还任性，经常只图自己爽快，经常说话伤害他人。

不过脑子乱说话，得罪人，致使本来对方对你还有点兴趣。但后来发现你的性格很难相处，于是开始远离你。你还不自知，不断逼问对方，直到被拉黑。这是极度幼稚、不成熟的表现。

例子太多，就不一一列举了。大家可以看到，这些问题，不是说你去学习一些恋爱技术就能解决的。这些问题和技术没半点儿直接关系，是属于做人的基本素质。从这些素质也可以看出一个人的人品与教养如何。

只有彻底解决个人素质问题，才能从根本上保证你的情感道路顺畅。解决个人素质问题后，情感问题大多会随之迎刃而解。

我前面提到的个人综合素质的内容包括，自信、情商、沟通、社交、拖延症、个人形象等等。这些主题已经被无数的专家研究过，也有很多的图书、文章、视频可供学习。

在这个基础之上，我再给出七条建议，帮助你解决自身问题。

1. 资料甄选

图书尽量找原著，不要找编著（东拼西凑的内容）。偏心理学的图书可尽量看国外作者写的。如果你英文不错，那就看英文原版。上豆瓣、亚马逊，查询图书评分、书评、笔记，来综合筛选是否适合自己。

视频，可上网易公开课，找口碑好的内容进行学习，比如哈佛、剑桥的公开课。

文章，一般都是一篇文章讲述一个具体问题。如果论证举例较为充分，最后总结给出具体的执行方法，则可以进行实验，测试效果。

订阅几位你认可的作者的专栏、微信公众号或知乎账号，进行深度学习。不过由于文章与文章之间不一定有足够的逻辑联系性，学习起来会不系统。这就需要你通过思维导图软件来建立自己的情感知识体系。

2. 制定目标

人生没有目标是迷茫的，没有情感定位是混乱的，没有对象标准是模糊的。这样你很难获取你想要的幸福。即使你偶然碰运气交往了一个对象，你也会感到不符合自身需求，而纠结是分手还是委曲求全。

所以你在开始追寻自己的幸福之前，深思熟虑过目标这个问题吗？

3. 步骤体系

这是较为重要的环节，你只有走在正确和适合自己的道路上，才能帮助你最终达到终点，获得成功。不然，方法用错，误入歧途，不光浪费时间与金钱，也会耗费你的心力与信念。

那有没有速成的方法？

我只能很无奈地告诉你，情感提升这条路没有捷径可走。其实人人都希望有一颗灵丹妙药，一吃就解决问题，从此无烦恼。市面上很多情感类产品，就是利用了大众希望有一种灵丹妙药来解决自己问题的弱点。

这是人性的弱点：人们都希望通过消耗最少的能量，换取最大的收益。但这个想法不符合自然规律。

你只要不走错误的方向，就是最快的方法。

某种方法，一般只能解决一些具体的小问题。而如果你是整体情感能力不足，则需要一套完整的解决系统。

那什么是适合自己的系统？

根据你的独特情况个性化定制，肯定效率最高，不过成本也是最高的，不适合所有人。过高的价格也会阻碍更多想要改变的朋友。

所以，一套类似互联网产品的、可不断升级的标准化产品系统，更适合大众需求。在核心基础之上，可再选择性增加符合自身需求的额外功能作为补充，形成相对低成本的个人定制化服务。

此外，你是否从内心认同这套系统的理念，是否符合人性，是否三观正？为达到目的不择手段固然可能会有效，但这是否是你真正想要的，是否会背离你的初心和道德？

系统是否对自己有效，可参考是否已有和自己类似的案例来验证效果，而且不是极少的个例。

4. 圈子伙伴

物以类聚，人以群分。你可以找到一群志同道合的朋友一起交流学习、互相鼓励，并且进行良性的竞争，这对你的提升会有加成效果。这样的圈子都可以通过搜索找到。

一般同班同学的学习效果最佳，因为你们接受的是同一套思维理念，更容易在某些问题上达成共识，并在此基础上能碰撞出更多火花。

5. 挑选导师

很多人都缺乏这样的意识，认为只要靠自身努力钻研，就一定可以解决所有问题。这样的行为看似经济，其实却效率很低。

穷人与富人有时候思维差别就在这一线之间。穷人因为自身资源的匮乏，会本能地节约所有资源，但也意味着他要消耗更多的时间与精力。

而富人明白，时间对穷人和富人都是一样公平的，他们懂得用钱来买时间。请教专家就是节约时间的表现。富人不是因为有钱而有钱，而是因为思维灵活高效而有钱。模仿富人的思维，能帮助你慢慢达到资源充裕的状态。

从另一个角度讲，挑选一个适合自己的导师也不一定要花钱。现在市面上很多导师都提供免费咨询的机会，你可以抓住这样的契机来试试。

提升自己的能力有点像学武功，你光看视频照着模仿，肯定远远不如跟着师傅学来得有效果。

当然要想找一个私人情感导师学习，成本也很昂贵。不过幸好有移动互联网的福利，我们都可以通过微信之类的软件，低成本地解决这个问题。

同时，你可以对他深入了解，并认可他的理念。一个负责的老师会根据你的个人情况给予针对性的指导，在你失落时能给予鼓励和安慰，也会传授自身过往的经验让你少走弯路。

6. 总结与思考

你在通过前五项建议循序渐进解决自身问题时，要不断地记录你成长的过程。

这符合心理学正面效应。人的大脑机制，是在不断得到正面反馈的情况下，才更容易坚持，尤其是在改变自己、提升情感能力这样相对较难的事情上。

所以，不断地总结经验教训，非常有助于你的成长。这个总结经验的过程也是思考的过程。因为看书并记住书中的东西只是记忆，并不涉及逻辑思考，只有靠逻辑思考才能深入理解一个事物，看到别人看不到的地方。

这也就是平常说的“感悟”。有感悟说明你想明白了一些事情。这是大大提高情感能力的前提之一。

7. 再次循环

总结和思考完，有感悟，不代表你就成功，只说明你刚刚升了一个级别。假设你是打游戏，满级是 100 级，你现在就是从 2 级升到 3 级，还有很多路要走，还有很多小关卡要通关，还有各种级别的大 BOSS 等着你打。

你解决某个问题后，就进入对下一个问题的突破，然后再走一次流程。

这七个步骤，可有效帮助你自行解决情感问题。

除此之外，还有五点事项需要注意。

1. 明确自身需求

要明确导师的理论体系是否与你的需求相契合。如果你只是想挽回一段感情，或是解决自己总是无法找到女朋友的问题，那你需要的是一位能辅导你提升长期人际关系能力的导师，而不是去找一位专门教如何快速追到女生的课程。

情感问题与个人成长是紧密联系的。如果导师在情感方面之外，如为人处世方面也能给予你一些指导，将帮助你全面地成长。

2. 导师的成功案例里是否与你的情况类似的

成功案例的多少能反映这位导师的教学与咨询经验是否丰富，以及 TA 的理论体系是否可被重复证明是有效的。很多朋友都认为自己的情况是独特的，但在情感问题上，男女都普遍地会在一些基础问题上犯错。解决了基础问题，就解决了你大部分的问题。

3. 跟着你的感觉走

没错，选导师，和谈恋爱也很类似，对方传递出来的文字、声音、理念，输出的价值观是否与你产生共鸣，你是否认同，都是你是否选择他的一个重要因素。

这种直觉，从脑的构造上来说，是由大脑扁桃体掌管的。扁桃体会把以前喜欢或厌恶的感情经验保存下来，并根据这些经验进行瞬间判断。

如果你凭直觉喜欢上某位导师，也说明你日常关注的信息或是你本身的想法，和这位导师的理念大致相符。

4. 经济承受能力

现在市面上各类情感咨询服务，侧重点各有不同，价格和服务周期也不一样。较为昂贵的 3 天时间就要上万元，甚至 10 万元，便宜的可能几百元不等。

你如果只是个学生，大几千、上万元的价格绝对是你不能承受的，而且价格高也不代表一定适合你，但价格低也不代表不能解决你的问题。选择什么样的服务全都依赖前面几条原则。

5. 防范意识

现在情感咨询市场处于一个高速增长期，自然会鱼龙混杂，参差不齐。会有骗子混入其中行骗，利用你们急于解决问题的心态，进行诈骗，基本上就是收费不办事就消失。如果发生这样的事情，首先要保留证据并尽快报警，切记勿贪便宜。

识别方法也比较简单，观察此导师是否有拿得出手的作品（书籍、文章、音频、视频等），是否有一些媒体背书，微信微博是否有实名认证，教学方式是否正规，是否会做出一些不切实际的承诺，等等。

掌握了这些内容之后，希望你能通过自学的方式，来解决你的情感问题。

你为什么在恋爱中不自信?

男女双方在与异性相处时，不自信的表现有哪些？我们先来看看，男生和女生在恋爱交往中的表现分别是怎么样的。

列举完现象，再给大家分析原因。

男生版：

① 在与想追求的非常喜欢的异性交往时候会紧张、不自信，会在意对方的评价、易受对方影响。和“白富美”相处，感觉配不上。但是和其他没特殊感觉的异性交往就没有这种情况，遇到“土肥圆”就放得开。

② 期望在对方面前表现，获得认同，怕说错话。她对我热情点我就会很开心，对我差点就心情郁闷。有时跟对方不知道该说什么好，觉着说什么都不合适，脑子里一片空白。有时明明之前在脑子里组织得很好，可是到她面前，感觉又难以启齿的样子。

③ 因为青春痘留下的痘坑，所以在和别人近距离接触时，总会觉得别人会很清楚地看到我脸上的疤痕，所以不自信，心里有障碍。如果我的脸部皮肤好的话，会比现在自信百倍，性格也会开朗很多。

④ 她的学历比我高，所在院校也比我优秀。虽然她不在意，但是我还是有些自卑。现在我希望能够尽快找到一份好工作，来抹平差距。

⑤ 觉得这一切跟童年阴影或受到的情伤有关，因为

曾经很真心地付出，而对方不成熟的举动给我造成伤害，遇到新的心仪异性会变得害怕付出，会自动代入之前的伤害阴影。

⑥ 总是怕两个在一起会尴尬，想过快点成为一个积极健谈的人。但是又欠缺耐心跟毅力，总想一步到位。因为我跟她之间的关系，不容许自己再继续浪费时间，可能正是因为这样，所以一直存在着焦虑感。有些迷茫，想过改变，可是却没有什么可行的计划。

⑦ 对方主动找我聊天，主动邀约我出去玩，但我就是放不开，害怕自己有不妥的言行。时间一长，对方就对我兴趣降低，对方回复信息也明显变冷淡。

女生版：

① 我都觉得自己丑到要死，因为这个很自卑，根本不敢喜欢别人。

② 如果对方处处比你优秀，自己就会不自信；如果对方有的方面比你优秀，有的方面不如你，自己就比较自信；如果对方处处不如自己会很自信，但同时会过于有优越感。在恋爱过程中或多或少都会被对方影响，两个人相互融合，越来越相近。

③ 和异性一起时，简直不敢说话或不自然，老找不到话题，觉得说啥都不合适，不敢看对方的眼睛，脑子空白，心里不受控地害怕。可是老是觉得会被异性觉得我高傲、看不起人。结果这种预期想法好像真的会实现。

④ 比较在乎对方，不想失去他，就会迁就，不去做可能让他不开心的事情。买衣服、留发型，都是为对方，失去很多自己的本真。纠结他是不是不喜欢我？如果他不喜欢我该怎么办？

⑤ 对方是明显对自己感兴趣的，但又觉得他并没有我想象中的那么喜欢我。有时候会很想问他，我在他心里到底是什么样的地位。可是总怕得不到想要的答案，弄得自己反而更难过。

以上问题，很多人都想过一些办法去解决，常见的就是刻意压制负面情绪，让自己变得开朗，找相关资料学习，甚至是解决不了的就直接选择逃避。

总之，或多或少都会有一点点变化，但效果不是非常明显。究其原因，还是由于恋爱相处中如何自信地面对异性，是一个相对复杂的心理与方法、经验问题，普通人无法自行疗愈。

为什么会这样？恋爱相处的不自信是怎么一回事？难道不自信就不能收获属于自己的爱情吗？

从这些朋友的情况看出，自信问题对他们造成很大困扰。我也询问过他们，如果他们克服掉不自信的心态问题，是不是在面对心仪异性时，就能正常发挥自己。他们都一致认可我的观点，尤其是自身条件其实还不错的朋友。

在恋爱中，影响自信的原因是什么？

1. 受到大众价值观束缚，默认自身价值低

人是矛盾体。人既向往高价值，希望获取高价值，又同时畏惧高价值。

在异性面前缺乏自信的人，内心潜意识是这样想的：自己的价值比喜欢的人要低；对方条件这么好，我怎么配得上他（她）；但也正因为他们条件好、长得好看、身材好、高学历、有学识、工作好等，才吸引到我的，真的好纠结。

但这一切都是你的过往社会经验对你造成的束缚，在现实中其实你们是平等的。你们只是存在差异，只不

过你放大了别人的价值，缩小或忽略了自己的优点、优势而已。

前面提到的情景，虽然男女存在差异性，但有几点是共通的。

① 面对内心喜欢的人，必定不自信，容易紧张。

② 自己的外在形象、学历、工作、收入等硬价值不如对方，也会不自信。

③ 在意对方的看法，易受对方影响。

④ 对方明显对你有兴趣，但你控制不住负面思维的滋生。这种言行容易被对方看出，进而引起对方渐渐降低好感。

⑤ 我这么没自信，他们肯定会不喜欢我。

⑥ 我觉得这次可能又要搞砸。

这些消极的想法，其实是“认知扭曲”的表现，导致个人无法准确感知现实。这些思维模式往往强化消极的想法和情绪。“认知扭曲”往往干扰一个人感知事物的方式。

2. 缺乏异性资源

自信、谈吐、外貌、身高、学历、家庭背景、收入、生存能力等，如果你都缺乏或缺乏其中重要的几项，你的精力会因此分散。

你如果生存都成问题，自然没那么多时间进行社交，认识异性。结果，你会缺乏异性资源，异性资源的缺乏又会让你表现出你是个缺乏魅力的家伙。

很多人找不到男/女朋友，可能是失败过一次，自信心受到打击，进而又遭到拒绝，心态就慢慢失衡。在这样的心态下，越急越缺，越缺越急，每次遇到新的有意向的女孩就越担心会失去。

与之相反，充裕心态就不会出现类似的问题。当你在某方面拥有很多，你即使不想要，它也会主动送上门，这时你还会在意失去吗？假设，你的手机通讯录或微信好友里可以约会的异性数量很多，从周一到周日都排满还见不过来，此时你会担心自己资源不够吗？

当你拥有的资源很多时，不会担心因为失去某个人，而感到惋惜、遗憾。你的姿态很高冷，你就处于一种充裕的心理状态。这时人的心态是放松的，不急不慢。这种充裕心态就让你变得更受欢迎和抢手。

3. 缺乏自信，其实归根结底源自对未知的恐惧

如果你从来没有做过或做成功过相应的事情，你会缺乏底气，会感到害怕。你完全不知该怎么做才会获得成功，不安的情绪就会滋生、蔓延。

恋爱中的缺乏自信，和缺乏恋爱经验、缺乏与高质量异性相处的经验有直接关系。各方面条件好的异性，其价值本就是远高于普通人的。他们自然就会有更多的追求者。你如果相应的能力弱，是无法在竞争中胜出的。

就像前面说的，你缺乏异性资源，就导致你没有想要的相处与恋爱经验，碰到自己真正喜欢的人时，就会感到局促，有种“书到用时方恨少”的感觉。

所以想要不那么紧张，最好的方法，就是多和异性接触。也不是说你碰到一个异性就要去撩拨人家，而是你生活中多几个纯粹的异性朋友，是有很多好处的。他 / 她可以直接给你介绍异性资源，可以给你透露信息，可以给你出谋划策。

多和异性接触也并不是说要你去发展很多“备胎”，而是因为你不能保证你碰上喜欢的人时，对方就一定对你

有兴趣。即使你后来通过学习提升，变得更自信、更有价值，但你依然是不可能做到吸引所有人，你吸引的只是你能吸引的。

该怎么办？该怎么办？该怎么办？

别无他法，没有捷径，缺乏什么就学习什么，越害怕什么就去做什么。

自信的建立，如同前面提到的，是你的大脑对这个世界的认知进行调整，加上成功经验的积累这双重作用的结果。

最后告诉大家一招最笨的方法，也是最快的方法。

每天主动和三个陌生异性打招呼，颜值或价值越高越好，打完招呼能聊几句就更佳，坚持一个星期。

一个星期后你来告诉我效果如何。看完后真正这样去做的人估计只有 1%，你会是这 1% 么？

你也可以每周主动找一些自己感兴趣的陌生人进行社交活动，实在怕就拉朋友一起去。很多人生的新朋友，或潜在的男女朋友，都是在这样的环境下认识的。

很多人不正是最喜欢这种所谓的“邂逅”么？

吸引，就是你要与众不同

有人曾向我表示：自己在与异性相处时无法吸引到对方，对方很冷淡。

我就问他：那你都做一些什么事情？他说，会主动找机会接近对方聊天，同时请吃饭之类的，但对方一般都委婉拒绝。

我又问：你和对方聊天时都聊些什么？他说，就是聊聊家常、工作、一些生活的琐事。

于是我对他说：虽然你想通过接触来让对方了解你，但在你不是“颜值担当”的情况下，你聊的内容又稀疏平常，没引发对方的兴趣。你的言行和每天她接触到的普通人几乎没区别，那你觉得别人为什么要对你有感觉？你充其量也就是一个普通朋友的角色。

如果那个人是你，也许你会说，我是真心喜欢对方，我是很真诚地想和对方交往。

这位朋友，你“中二”情结太过严重。这是病，得治。

要知道，世界不是围着你转的，不是以你的意志为转移的。不是你喜欢对方，别人就一定要喜欢你。太过以自我为中心的思维，是幼稚、不成熟的表现，说明你还是个孩子。

你肯定也很苦恼，真心却不能换取真心。你很努力，却适得其反。

“那我该怎么办？”你内心肯定问过自己千万遍。

我的建议如下。

1. 成为与众不同的你

为什么是“与众不同”？

有个读者说：“我对她说，你的眼睛很好看，笑起来，眼睛也在笑。她说我是第十个这样说她的了。”

你看，你聊的内容和其他追求者没有任何区别。这样的赞美不但引不起注意，反而显得你很平庸无趣。

一件事，第一个做的人叫天才，第二个人是蠢材，那第十个是什么？

有的选秀节目，一开始大家都是完全凭实力，但发现如果水平都差不多，没什么“亮点”，就没法让观众印象深刻。于是就人人出奇招，要么是悲惨身世，要么离奇剧情，要么惊天逆袭，制造登场时的前后反差。例如，外形其貌不扬，一亮嗓子技惊四座。这些大都是节目幕后编剧在帮忙设计的结果。

当然，我不是说，你为刻意吸引到意中人的注意力，就去伪造、伪装一些吸引点。伪造或伪装容易造成你前后表达的不一致，时间一长，谁也不是傻瓜，都能看出来你有问题。

与众不同，是挖掘自己的独特亮点。

你可能不高不帅，又没有钱，但你很乐于助人。在不显得低姿态讨好的情况下，主动地帮助对方做一些举手之劳的事情，会显得你是一个热心肠。没人会拒绝和这样乐于给予价值的人成为朋友。

与众不同，是你尽量和其他竞争者做不一样的事情。

要想鹤立鸡群，就不要平庸。别人都夸对方眼睛好看，漂亮姑娘的外表已经被赞美过无数次，你说一样的话不会有任何效果。反其道而行之，赞扬对方内心善良、独立、温柔（根据情况而定），或是赞扬对方的为人处世如何如何有别于人、如何如何有特点。夸奖他人，一定要讲一些细节和与别人的对比，只是说一些形容词也会显得不够真诚和特别。

别人都是送花、送礼物、请吃饭、接送上下班、微信每天发慰问关心不断。这些行为不是没用，前提是对方已经对你有兴趣的情况下，你这样做是不会引起反感，会加分。而如果对方对你没兴趣，做这些只会让人感到压力、反感，只会让对方想远离你。

你不相信？那假设有一个你看不上的异性，天天这样缠着你，你会是什么感受？

要想做不一样的行为，就需要关心对方关心的事情。

2. 关心对方关心的事情

像本节开头举的例子，聊天的内容非常流于表面，只是谈一些鸡毛蒜皮的小事，对方不会有心灵上的感触。

人总是最关注自己的事情。

试想一下，你如果在一个社交场合碰到陌生人，什么样的人最会引起你的注意和聊天的欲望？

除了美女帅哥这种极容易引起注意力的之外，我相信是对方发起的话题，刚好是你了解的、感兴趣的，甚至你就是这方面的专家。

你最喜欢的内容比如足球、篮球、旅游、美食、电影、读书等，就不需要你搜肠刮肚地找话题，你已经在这方面掌握了足够多的资讯，你甚至不需要思考，就能娓娓道来你喜欢的事物的历史、特点、逸闻轶事、八卦、新闻等。

对方能和你交流感兴趣的话题，很容易让对方感觉你们很谈得来。你们也就因此产生了情感联结，而不只是泛泛而谈的普通朋友。人总是喜欢寻找自己的同类，才不会觉得孤单。正所谓：朋友易得，知己难求。

了解了这个道理，你就应该去做一些信息的搜集，比如对方微信朋友圈、微博、QQ 空间里的动态。

对方最喜欢吃什么、玩什么，都是可以从这些动态中看出来的。如果不懂怎么看，就反过来，翻看自己的更新内容，看看是不是自己发的都是自己喜欢的。

你不了解一个人的喜好，就无法与对方有深入的交集，也就无法获得直指人心的谈资。

3. 制造交集，加深认识

你知道该怎么做，却没机会施展，也是白搭。

请对方吃饭，虽然能比较快地产生面对面的交流，但如果你还不是很擅长掌控聊天的节奏，或者别人都不给你机会请客，那我建议你还是“曲线救国”。

可以邀请对方参加你组织或是别人组织的群体性活动，比如唱歌、郊游、烧烤、聚餐等。既不会让对方感到尴尬，也可通过融洽的玩乐氛围展示自己是一个充满热情、活力的人。这种能量气场会通过潜在交流传递，让对方感受到你是一个有魅力的人。

同时请谨记以下两点。

第一，为增加邀请成功率，可让对方带自己的闺蜜或朋友一起去。

第二，如果对方不去，无论是否是推脱借口，都不要表现出失望。而是向对方表达：这个活动很好玩，不去会很可惜。活动过程中发一些好玩的场景，以及与其他异性的合影照片，会增加你的吸引力，下次你再尝试邀约的成

功率会上升。

爱情，不只是一厢情愿的真心，就能换取对方的认可。吸引异性注意，既要比拼实力，也要讲究策略。知己知彼，才能出奇制胜。

掌握喜欢的人喜欢什么，不是更体现出你的诚意么？

吸引，就是你要与众不同。

不喜欢你，是因为你很矬！

我写过很多关于如何增加吸引力的文章，但还是有很多人说：道理我都懂，但我就是做不到，我该怎么办？

你是“你弱你有理”么？难道我已经把饭菜做好，端到你面前，还要一口口喂你不成？你是成年人了好么，能不能有点独立自主的意识？你不是世界的中心，没人有责任要为你的幸福负责。

为什么你喜欢的女生不喜欢你？

就凭以下几点。

1. 看颜值

你的头发多久没剪，有几天没洗，发际线已经越来越靠后？你有没有关心一下。你的鼻毛已经伸出鼻孔那么长，你有没有照顾我的视觉感受。

痘痘横行的脸庞，简直就是火星表面。

你和受欢迎的人的穿着差别，就是淘宝爆款的买家秀和卖家秀的区别。

你个子不高，不是问题。但能不能练练肌肉？至少不会让你看起来像霍比特人。

胖不是你的错，错在你竟然还自以为你胖得很萌。

麻烦你先照照镜子。即使你不是天生高颜值，也请注重一下形象。正所谓“三分长相，七分打扮”，黄渤、王宝强就是最好的例子。

2. 看收入

工作一般，收入微薄，却心系宇宙，胸有鸿鹄之志，关注国际形势和国家大事。下班后却无所事事。

你缺钱，难道就不能去做份兼职么？不能投资参加个培训，多学一门技能，方便跳槽转型么？“啃老族”说的就是你。

你可以暂时不富有，但不能没有一颗上进的心。

3. 看性格

性格内向，不爱说话。胸中有万言，碰到女神就蔫完。

看过很多喜剧，却依然缺乏幽默感。

空闲时间，最大爱好就是一个人好好“宅”。出门去玩对你来说完全是费时、费力、费钱，家就是舒适安全的港湾。

社交圈都是和自己类似的“死宅”，都很缺异性资源，你们最常比较的是谁的手速快，谁下的片源高清。

4. 看情商

碰上个女神，你聊得最嗨、最多的都是自己喜欢的游戏、政治、军事、极客、数码、体育等，完全没有对方兴趣点的话题。

女神生病，你只会发“多喝水，捂被子，开门，通风”。

对方一开始对你还有点兴趣，但反应冷淡。你没去了解原因，而是破口大骂，主动拉黑别人。最后自己又后悔，又想挽回，至少变回朋友。可惜，你的“作死”已让你出局。

还有，和女生出去约会、吃饭、玩乐、都主动要和别人AA制的，估计你就没下次了。

情商不够，就去学习，充充值。

5. 看自信

遇到“土肥圆”放得开，遇到“白富美”就变矬。

明知自身价值低，但为显得自己价值高，就开启装腔模式：梳着“飞机头”，一身城乡结合部英伦风，淘宝爆款的紧身衬衣，胸口必开2颗以上扣子。稍微有点见识的女生都会躲你远远的，好怕怕。

感觉自己买不起车、房，没资格谈女朋友，自信价值都是以物质条件为衡量标准，忽视自身软价值的提升。软价值才是你逆袭的关键好么？

女神一变冷淡，你就开始患得患失。对方越拒绝，你就越不甘心，就越低姿态，各种没底限的事情没少做。

自信是你能搞定一切问题的心态前提，也是女生是否喜欢上你的一个重要指标。你自信与否，女生都能通过“直觉雷达”探测到。

最后，总结一下。

（1）当对方不喜欢你、讨厌你、躲避你、拉黑你的时候，别困惑，相信我，你绝对以上几个方面出问题了，请对号入座，按需调整。

（2）如果你不知悔改，依然故我，或是一直不努力改变自己，时间一长，恭喜你，肯定就会习惯单身的生活。

想让对方喜欢你，你先要喜欢自己，先让你成为更好的自己。

超简单有效的搭讪法

在知乎上看到有人问：怎样搭讪女生而不落俗套？

还真的有很多人回答，各种新、奇、特的方法或神奇经历。

不能说这些方法不好，主要是不实用。如果你在某个场合，例如大街、车站、地铁、商场等非社交场合，女生和你擦肩而过，你这时哪还有什么心思，去想不落俗套的套路去搭讪。

搭讪其实哪有那么复杂，就是上去找陌生人说话而已。

你非要搞些所谓“不落俗套”的方式，反而会把事情搞复杂，同时让对方警觉，不知你到底想要怎样！

最简单、最有效的搭讪方法，就是真诚、简单、直接。

1. 真诚

你搭讪无非就是想认识漂亮姑娘，运气好，还能交上朋友；运气再好点，像偶像剧，还能发生一段浪漫故事，传为佳话。你这是电视剧看太多，被洗脑了。

漂亮的女生，每天在街上被搭讪的次数不要太多，尤其是有丰富人际交往经验的女生，难道她会不知道你要干吗？

少些套路，多些真诚。

与陌生人接触，最担心的就是安全。

我都不认识你，为什么要和你交朋友？

你的目的是什么，直接表明，会让对方隐隐不安的心放下一半。

当然，你的要求比较过分，别人也就直接报警。

2. 简单

很多人成天问，搭讪开场白说什么会比较好？有什么特别的开场白？

想要花样开场白的朋友，都比较心虚，虚自己没话可说，虚自己说得太没水平，别人不理会。

其实，不会。

最好的开场白，就是结合搭讪环境下的问候语。如果是在没什么所谓的环境，一句："你好，和你擦肩而过，被你的气质所打动。感觉不上来说句话、打个招呼，我会后悔一辈子，……"

再简单一点，最好先有眼神的交汇，让她看到你。你微笑回应，然后就上前"你好，很高兴认识你，能交个朋友吗？"或者"你也是经常来这边坐车/逛街/吃饭/电影……吗……？"

只要对方不是拒绝的态度，都可以继续往下聊，自我介绍，进一步降低对方不安全感。然后再问对方情况。

等你们差不多二三分钟的聊天互动之后，你会慢慢消除此前的紧张感，进入聊天状态。

3. 直接

直接说出你的目的。

有时候，你在某个场所发现对方也是一个人，在默默地玩手机，像是等人或无聊。

上去搭讪聊天后，发现也的确是这样。只要对方没有任何拒绝的意思，可以马上试探邀约对方说，这附近有个不错的地方（咖啡馆、餐厅等）不错，我们可以去那坐坐。

虽然看上去也是简单，但还是很多人做不到，这是为什么？

因为有人一想搭讪就焦虑、恐惧。

焦虑恐惧的根源来源于数万年保留的基因，是为了避免自己陷入危险境地，保护自己。

原始社会，你去搭讪其他部落的女人，一般结果就是被乱棒打死。这种基因现在还发挥着作用。

那为什么有些人不会焦虑、恐惧？

因为他突破了自我限制。

人类普遍害怕高处、怕蛇，这类天生的恐惧，和前面的搭讪一样，都是基因进化、自然选择的结果，是为了保护自己远离危险。

有人突破搭讪焦虑，就和有人突破怕高的恐惧去走高空钢索，有人突破怕蛇的恐惧去玩蛇一样。

这说明，人是可以与自己基因里的自我保护机制对抗的，借此突破自我极限。

就像有人为什么要攀登危险的珠穆朗玛峰，有句话是这样说的——为什么要登山，因为山就在那里。

其实，人攀登最高峰就是为实现自我。这是人类最高的价值需求，就是想证明自己成功，就是想证明自己存在的意义。

大家现在问一下自己，你活在这个世界上的意义是什么？

只是为结婚生子，买房买车，过小日子？当然有人小富即安，没有大志向。

但就是因为人类不断地突破自我，才有我们现在丰富的物质生活。

那如何突破焦虑、恐惧，成功搭讪异性？

我给出两个方法。

第一个方法，短期、速成，马上就有效，但却无法真正突破内心的恐惧，是一种伪装面具、自我防护式的方法。

既然对搭讪很恐惧，就有人想到，恐惧其实也就是一种内心害怕的状态。既然无法控制，就索性使用一种伪装式的方式去搭讪，就不会那么恐惧。

原因就在于，当人使用另外一个身份，或某种借口搭讪时，即使被拒绝，他会认为被拒绝的不是自己，而是另一个人。

例如，很多人会使用借口问路、市场调查、模特经纪人、婚姻猎头等身份去搭讪，即使对方拒绝，只是拒绝这个身份。而不是拒绝你搭讪的内心本意——认识男神或女神。

至少你不会感觉到那么心疼，啊，我被女神/男神拒绝，我太差劲。

于是有人就开发出针对搭讪的一些所谓的“不落俗套”的话术惯例。

有人会问，难道这种搭讪方式真的一点也不好吗？

我其实没有批判的意思，对很多自身价值低、内心不够强大的人来说，借助这样的方式，至少能和心仪的人说上话，从目的导向来说是没问题的。

而且有些人可能通过这样的日积月累，慢慢地也可以把自己的脸皮练厚。只是他可能会一直陷入这种戴面具的生活中走不出来，容易感觉心累，甚至人格分裂，会时不时地内心纠结：现在的自己还是我自己吗？

第二个方法，是真正意义上的突破自我，就像你以前一直恐高、怕蛇，但经过专业训练，你可以走高空钢丝、随便玩蛇上身。

不过多地借助外在伪装技巧，就是直接通过本能反应去搭讪，见到对方想到什么就说什么，即使是很白痴的话。

可能有人说：我做不到，一遇到异性就恐惧，根本说不出话。

那就请直接返回到前面提到的最简单、最有效的搭讪，就是真诚、简单、直接。

很多需要伪装才敢去搭讪的人，是知道自己处于价值低或自以为价值低的状态（不自信），害怕对方（认为对方价值高，或比自己价值高）看不起自己、拒绝自己，觉得伪装高价值才能和对方匹配。

认为自己价值低是因为缺乏自我价值认知和核心自信。认为对方颜值比自己高出太多，对方肯定有很多优秀的人追，自己配不上，但又内心喜欢，就很矛盾。

高空走钢丝训练，都是先从低空安全的训练高度开始的。适应平衡感之后，再换高处就不会那么害怕。

想要突破搭讪焦虑，也需要从简单的开始。每次搭讪女生前，先和大妈、保安、售货员聊天开始，拿他们做热身，让自己进入聊天状态。等再搭讪女生时，就不会那么紧张、恐惧了。试试你就知道，亲测有效。

总之，搭讪女生，不需要进行“伪需求的创新”。

采用不戴面具的真诚、简单、直接的搭讪方式，就是最有效的方法，你值得拥有。